阳台种菜

taco的有机种植生活

taco——著

浙江科学技术出版社 · 杭州

图书在版编目（CIP）数据

阳台种菜 / taco著. — 杭州 : 浙江科学技术出版社, 2024.7（2025.2重印）
ISBN 978-7-5739-1164-3

Ⅰ. ①阳… Ⅱ. ①t… Ⅲ. ①蔬菜园艺 Ⅳ. ①S63

中国国家版本馆CIP数据核字（2024）第069140号

书 名 阳台种菜
著 者 taco

出版发行 浙江科学技术出版社
杭州市拱墅区环城北路177号 邮政编码：310006
办公室电话：0571-85176593
销售部电话：0571-85062597
排 版 杭州兴邦电子印务有限公司
印 刷 杭州捷派印务有限公司

开 本 787 mm × 1092 mm 1/16 印 张 11
字 数 175千字
版 次 2024年7月第1版 印 次 2025年2月第2次印刷
书 号 ISBN 978-7-5739-1164-3 定 价 78.00元

责任编辑 刘 雪 责任校对 贾小焓
责任美编 金 晖 责任印务 吕 琰
文字编辑 刘映雪 插 画 张勐媛
如发现印、装问题，请与承印厂联系。电话：0571-56798200

-前 言-

都市农妇的有机生活

家庭有机种植是一件很好玩又很有意义的事情。

从在一盆土里播下一粒种子开始，内心便有了期待。之后每天下班回到家，第一件事就是去看看盆土有没有变化。直到某一天早晨醒来，蓬着头、眯着眼去看一眼种植盆，突然发现了那破土而出还顶着种壳的小苗，内心瞬间充满惊喜。

而这样的惊喜，会时时有。比如，突然发现南瓜有雌花了，大叶子下的黄瓜悄悄长大了，四季豆开出了第一朵紫色的花，萝卜突然长出土面了，拔起的马铃薯茎带出了一整串马铃薯……当然，烦恼也时时有。比如，小鸟啄食了豌豆的花，蜗牛啃食了已经长出真叶的小苗，小青虫把卷心菜吃成了“蕾丝花边”……但最终，所有这些烦恼，都会被顺手从藤架上采下一根黄瓜用水冲一下就能吃的快乐，以及从种植盆里采摘的蔬

菜只要1分钟就能到达厨房的极致新鲜等所取代。

慢慢地，年复一年，乐此不疲，把家里能利用的空间都利用了起来。在明亮但照不到太阳的地方，种上了香菜、冰草、豌豆苗等对光照要求相对较低的蔬菜；在南边窗台的花架上，种上了喜欢强光照的茄科蔬菜；在露台的上空搭了瓜架，让可以爬藤的瓜和豆都上了架；在瓜架下，又种上了对光照要求不高的叶菜……就这样，露台、窗台都被我种满了菜。十几平方米的小小种植空间，为一家三口的餐桌供应了绝大部分的蔬菜。

自从爱上了种菜，家里的有机垃圾都被拿来做了堆肥，用来给菜施肥。在露台上，我还用发酵床的方法，养了三只贵妃鸡。春秋天的时候，把鸡窝里发酵床的垫料翻出来，可以做种植底肥；在种过菜的老盆土里加些谷壳和菌剂，鸡窝里发酵床的新垫料就有了。贵妃鸡非常漂亮，又是鸡类里的下蛋王，每只鸡一年能下200颗蛋，一家三口吃足够

了。贵妃鸡吃的是我们吃剩的饭菜、瓜果，还有整枝时摘下来的老叶，以及额外添加的一些玉米粉。我每周还会给它们吃一两顿大餐——用厨余垃圾养的蚯蚓。露台的一角放着我用整理箱养的4箱蚯蚓，蚯蚓粪可拿来给菜施肥，蚯蚓则可拿来喂鸡。蚯蚓还是鱼儿的美食——对的，我还养了鱼。在露台的一角，是我用80升大花盆改造的鱼缸，缸底铺了10厘米左右厚的土和卵石，缸里有小河蚌、螺蛳、小河虾、小野鱼、泥鳅、小锦鲤，还有浮萍。浮萍也是鱼儿的美食，它在暖和的时候长得很快。鱼儿来不及吃的话，浮萍就会长满水面。这时，我将一半的浮萍捞出来丢到鸡窝里，贵妃鸡就会快乐地咕咕叫着抢食。我的鱼缸不用加水，也不用换水，水如果因蒸发而变少了，一下雨，水就又满了；水如果太满了，我也会舀些出来浇花、浇菜。这鱼缸还有个好处，就是能调节空气湿度，特别是在干燥的秋季，能让露台小环境的微气候更适宜种菜。

每天早晨起来，巡视一遍我的空中菜园，然后能量满满地上班去。下班回来，去空中菜园采摘晚饭时要吃的蔬菜，看着那些生机勃勃的蔬菜，一天的压力和疲劳就都消散了。

小伙伴们，来吧，只要有照得到阳光的地儿，不管大小，种几盆菜吧！就算还没能实现“有机蔬菜自由”，也能享受种植的快乐呀！

目 录

第1章 种植前的准备

第1节 种子是种植的开始 002

种子从哪里来 / 002
如何挑选种子 / 002
如何保存种子 / 003

第2节 选择合适的种植盆 004

第3节 种植必备的小工具 006

第4节 配出种菜的好土壤 008

好土壤的标准 / 008
种植常用的配土材料 / 008
盆栽配土DIY / 011
商品营养土的选购 / 012
旧土的重复利用 / 014

第5节 用对肥料养好菜 015

从营养元素开始认识肥料 / 015
了解常见的肥料 / 017
如何给蔬菜施肥 / 019
在家自制有机肥 / 021

第2章 种植基础知识

第1节 了解常用的种植术语 026

第2节 蔬菜习性大不同 028

第3节 环境对蔬菜的影响 029

温度对蔬菜的影响 / 030
光照对蔬菜的影响 / 031

水分对蔬菜的影响 / 031
空气对蔬菜的影响 / 032

第4节 了解家庭种菜小环境 **034**

第5节 从播种开始 **035**

播种前的准备 / 035
播种的环境 / 036
种子的处理 / 036
开始播种 / 037
移苗 / 039
防止苗徒长 / 041

第6节 其他繁育方式 **042**

扦插 / 042
嫁接 / 043
分株 / 043
压条 / 043

第7节 日常浇水有讲究 **044**

如何判断蔬菜是否需要浇水 / 044
如何给蔬菜浇水 / 045

第8节 帮蔬菜精准授粉 **046**

自花授粉 / 046
异花授粉 / 046

第9节 有机方法防治病虫害 **048**

增强蔬菜的抵抗力 / 048
防治蔬菜病害的好方法 / 049
防治蔬菜虫害的好方法 / 051
病虫害都能防的辣椒无患子酵素 / 052
阳台种菜·虫害防控实例 / 054

第10节 好处多多的轮种法 **056**

轮种的好处 / 056
轮种的原则 / 057
了解蔬菜所属的科 / 057

第3章　个个饱满的小果实

番茄 060

茄科蔬菜・种植心得　/ 065

茄子 068

辣椒 072

秋葵 076

第4章　随手可摘的新鲜绿叶

青菜 080

生菜 083

茼蒿 086

香菜 088

菠菜 090

木耳菜 093

空心菜 096

苋菜 099

菜薹 102

莴苣 105

香葱 107

韭菜 110

青蒜 112

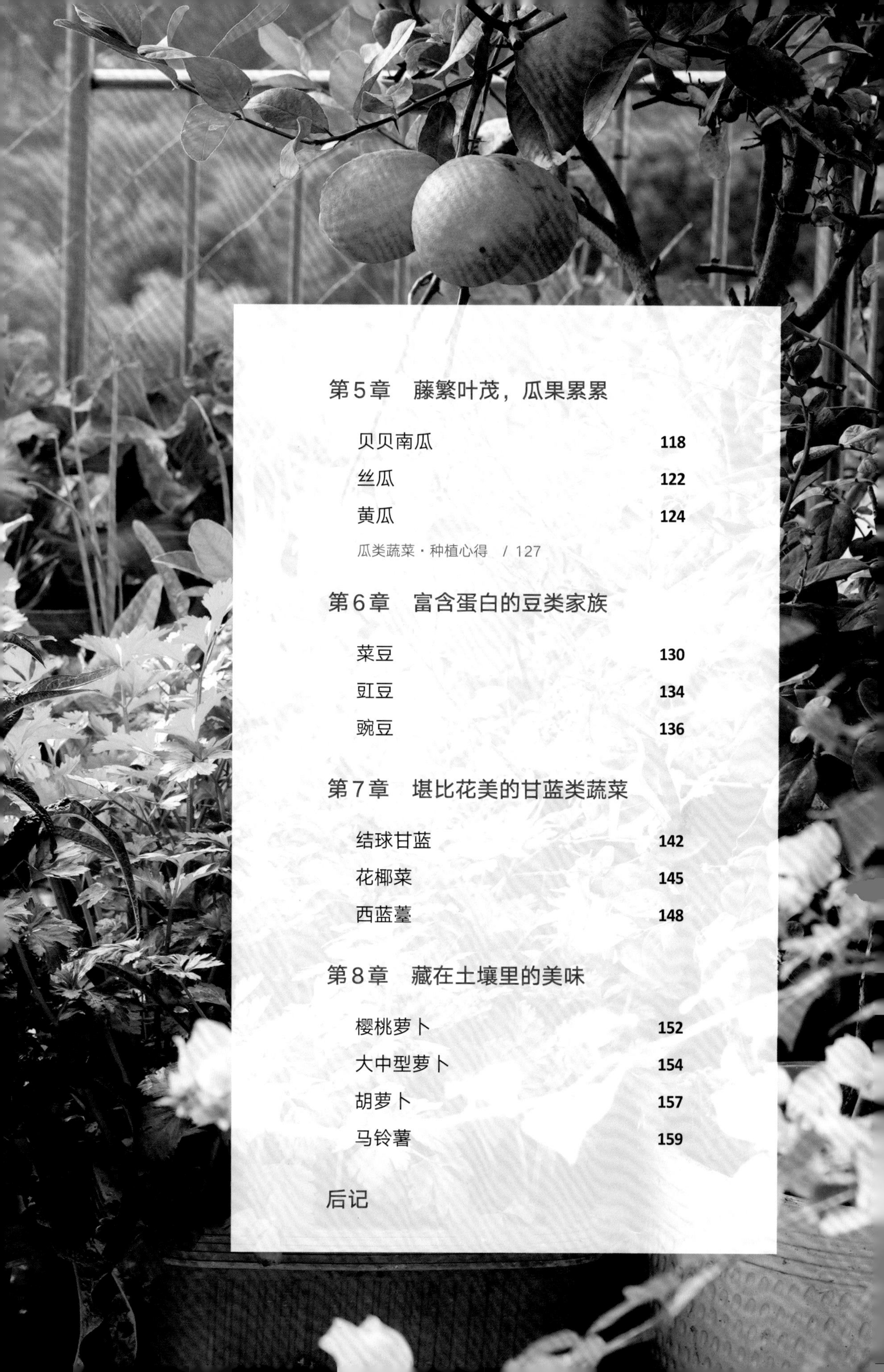

第5章　藤繁叶茂，瓜果累累

贝贝南瓜　118

丝瓜　122

黄瓜　124

瓜类蔬菜·种植心得　/ 127

第6章　富含蛋白的豆类家族

菜豆　130

豇豆　134

豌豆　136

第7章　堪比花美的甘蓝类蔬菜

结球甘蓝　142

花椰菜　145

西蓝薹　148

第8章　藏在土壤里的美味

樱桃萝卜　152

大中型萝卜　154

胡萝卜　157

马铃薯　159

后记

第1章 种植前的准备

工欲善其事，必先利其器。要种好瓜果蔬菜，事前我们要做一些准备，比如选购种子、种植盆以及一些种植小工具，准备种植材料，购买或自制有机肥等。为了让菜友们少踩坑、少走弯路，这一章节与大家分享如何做好种植前的准备工作。

第 1 节

种子是种植的开始

种子是一株植物的开始，种子的质量在很大程度上决定了植物的健康程度，所以选对种子、存放好种子很重要。

种子从哪里来

购买的种子

我们可以从网上或当地的农资实体店购买种子。建议大家首选实体店，因为实体店卖的一般都是适合当地种植的当季种子，而且种子也更新鲜。

如果在网上购买，那么最好买原包装的种子。如果买分装的种子，就一定要在信誉好的店铺购买。不然，一旦买到陈年的种子或货不对板的种子，种不出自己想要的效果，我们会很懊恼。另外，要重点关注一下生产日期，买在保质期内的种子。

购买的种子

自留的种子

对于一些老品种（非杂交品种），大家可以自己留种。想要判断种子是否为老品种，可以参考种子包装袋上的说明。杂交品种留下的种子，种出来的“孩子”不一定会像“妈妈”，因而不建议留种。

自留的种子

如何挑选种子

阳台有机种植要挑选产量高、抗病性强、早熟（可以较早收获）的品种，秋冬季种植时要选择耐寒的品种，春夏季种植时要选择耐热的品种。一般种子的原包装袋上都会有说明，菜友们购买种子前要仔细看一下说明。

如何保存种子

密封冷藏保存种子

种子的保质期与种子的类型及储存条件有关。新种子的活力最强，随着储存年限的增加，种子的活力也会下降。

种子的最佳储存条件

干燥！低温！家庭种植用种量少，一次用不完一袋种子。为了延长种子的保质期，要将种子放入密封袋中，并保存在冰箱冷藏室里。

种子的保质期

不同种子的保质期不一样，我根据自己的播种经验，结合查找到的资料，理出了不同种子在冷藏状态下的保质期（常温保存的话，保质期就会短一些），供菜友们参考：

不同品种的蔬菜种子在冷藏状态下的保质期

保质期	蔬菜品种
1年以内	葱、韭菜
2年	洋葱、青菜、菜薹
3年	西葫芦、南瓜、黄瓜、苦瓜、菜豆、豌豆、豇豆、菠菜、萝卜、辣椒、秋葵
4年	生菜、胡萝卜、芥菜、番茄、西瓜、冬瓜、丝瓜、葫芦
5年	芹菜、芥蓝、花椰菜、西蓝花、羽衣甘蓝、抱子甘蓝、结球甘蓝
6年	茄子、菊苣

第 2 节

选择合适的种植盆

单从实用的角度来说，家里的各种容器都可以用来种菜。比如在编织袋或闲置的各种桶、盆的侧面或底部打孔，就能让它们成为种植容器。但我们一定要考虑种植容器的材质对人体健康的友好性。

在这里给大家分享一些挑选种植盆的原则。

材质要好

材质好的种植盆对人体健康友好，同时美观、牢固又轻便，移动起来方便，可以用很多年。聚丙烯（PP）树脂材质的种植盆很轻，而且很牢固，相比回收塑料材质的种植盆来说，对人体健康更友好，使用年限在10年左右。

形状方正

形状方正的种植盆可以整齐排列，使家庭有限的种植空间得到充分利用。

设计科学

底部有隔水板及储水层设计的种植盆，排水和储水功能更好。侧面有两个排水孔的种植盆比较适合“阳台党”。夏天可以把下面的排水孔堵上，让隔水板下层起到储水的作用；雨季时，就把两个排水孔都打开，这样可以迅速排水，不易积水，能防止植物烂根。如果是底部开孔的盆，浇水时水容易从底孔迅速流出，停留的时间短，盆土内部不容易被浇透。

挑选合适的种植盆

细节到位

有些种植盆的上部有小孔（比如爱丽思种植盆），我们可以将绳子穿过小孔并挂到高处，这种方法用来种爬藤植物特别方便。我们也可以将扎带穿过小孔来固定竿子或支架，这种方法在种茄科蔬菜时特别实用。

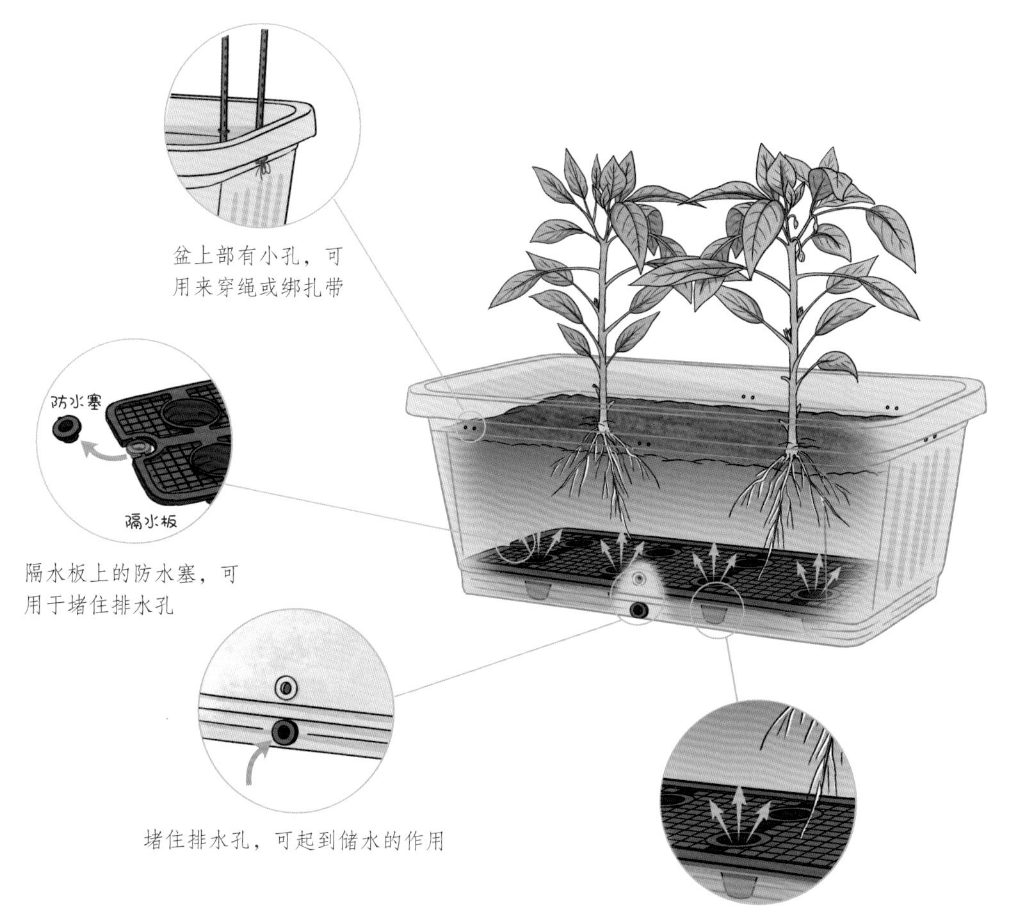

使用设计科学的种植盆，灵活控制排水，让蔬菜根系有活力，长得好

大小合适

深度超过25厘米、短边长度超过30厘米的种植盆适合种瓜类蔬菜和深根系蔬菜，深度在20厘米左右的种植盆适合种浅根系叶菜，窄窄的长条盆很适合放在窗台上，可以充分利用窗台的空间。

样式统一

种植盆的样式、颜色要统一，这样放在阳台上会显得整齐划一。五花八门、五颜六色的种植盆虽然不怎么影响种植，但放在阳台上会影响家居环境的协调。

根据以上原则，我选用了爱丽思种植盆。菜友们可以根据实际情况选择合适的种植盆。

第 3 节

种植必备的小工具

给菜友们介绍一下种植蔬菜必备的实用小工具，让大家少走弯路，少花冤枉钱。

大号铲子

挖土、拌土、配土、移苗时使用。

小号铲子

松土、除杂草时使用。

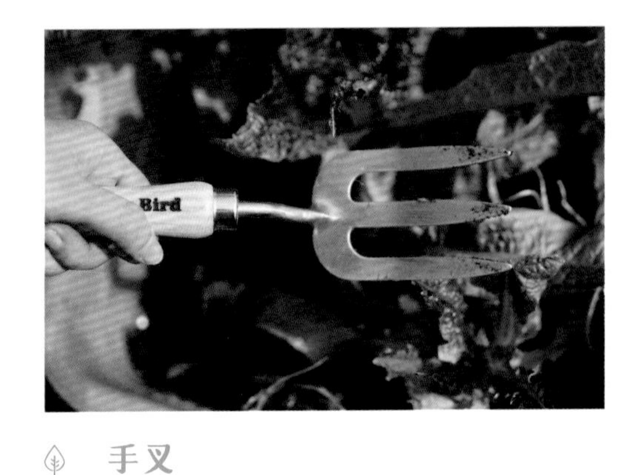

手叉

尖头可以轻松插入土中，适合松土时使用。

园艺手套

拌土、种植、收获时使用，以防手变粗糙。

喷壶

施叶面肥、喷防虫液或给植物“洗澡”时使用。

尖头浇水壶

浇水、施液肥时使用。尖头的好处是可以精准对准盆土，不会伤到叶子。

皮管、水枪

可以满足浇水、冲洗枝叶、喷雾增加湿度等多种需求。

修枝剪

可以用来整枝，也可以在收获果实时使用。

温度湿度计

用来了解种菜环境的温度和湿度。

空气循环扇

促进阳台空气流通，模拟自然环境。

第 4 节

配出种菜的好土壤

土对于热爱种植的人来说就是宝贝，土的质量对于植物来说十分重要。只有土好，植物才长得好。也就是说，要养好植物，首先要有好土。

好土壤的标准

富含养分

土是植物养分的来源，肥沃的土种出来的蔬菜抗病性强、味道鲜美。

排水又透气

土的排水性和透气性好，植物的根系就健康。

重量轻

考虑到楼房的承重，要用重量轻的材料来配土。

土壤好，植物才长得好

种植常用的配土材料

富含养分的配土材料

（1）园土

园土就是田地里用于种蔬菜的土或绿化带里常用的土。这种土富含矿物质，但一般比较黏、重，排水性不够好，可以适量用作盆栽配土。

（2）腐叶土

腐叶土是树林里表层的土，透气性、保肥性、保水性较好，适合用来种喜酸性土壤的蔬菜。但腐叶土中会有虫及虫卵，要经过暴晒杀虫后才能使用。

（3）堆肥土

堆肥土是厨余垃圾、落叶等各种有机物通过堆肥发酵后形成的配土材料。堆肥土松软、透气性好、重量轻。

（4）**泥炭土**

泥炭土也叫草炭、泥炭，由苔藓、水生植物等埋藏在地下的未完全腐烂分解的植物体组成，呈酸性。泥炭土富含养分，是非常好的配土材料。

（5）**木屑**

木屑是加工木头过程中产生的小碎屑，重量轻、保水性好、透气性好，经过发酵就能变成非常好的配土材料。在种植过程中，部分木屑腐烂后会转变为有机质，还能给植物提供营养。

木屑的发酵方法

❶ 将重量比为20∶1的木屑与豆渣或菜籽饼（油枯饼）一起放入塑料袋中，加水拌匀，弄成湿润但不滴水的状态。可以加入适量的EM菌，以加快发酵的速度（EM菌的量请参考商品说明）。

❷ 扎紧塑料袋口，将塑料袋放到角落里一两个月。等用手摸塑料袋时感觉不发热，且木屑变成深褐色了，就说明发酵完成了。

❸ 发酵好的木屑是非常好的配土材料，一点儿也不臭，有森林土的味道。

排水性、透气性好的配土材料

（1）椰糠

椰糠是由椰子外壳中的纤维加工制成的有机种植材料。椰糠分细椰糠和粗椰糠，细的保水性好，粗的透气性好。粗、细椰糠可以混着用，这样既保水又透气。

（2）蛭石

蛭石是由云母类矿物加工制成的种植材料。质地较轻，透气性、保水性、保肥性好，含较多可被植物吸收利用的钙、镁、铁等矿物质。

（3）珍珠岩

珍珠岩是由硅质火山岩燃烧膨胀而成的颗粒材料，呈白色，质地非常轻，含有硅、铝、铁、钙、锰、钾等矿物质，在配土时常用来增强排水性和透气性。缺点是浇水后易浮于土壤表面，遭受碰撞时易破碎。

（4）火山石

火山石是火山爆发产生的多孔形石材，含有钠、镁、铝、硅、钙、钛、锰、铁、镍、钴和钼等几十种矿物质。用粒径为5～8毫米的小颗粒火山石做配土材料，可增强透气性，并添加微量元素。

（5）粗砂

河滩边的粗砂，排水性、透气性好，富含硅、钙、磷等多种矿物质。配土时添加适量的粗砂，可以适当增加轻质土的重量，让盆栽放置得更稳。

盆栽配土DIY

上述10种材料是盆栽植物良好的配土材料，前5种富含营养、保水性好，后5种透气性好，一般我们用前5种与后5种材料配混。

大家要根据当地的气候来配土。北方地区气候干燥、降雨少，要多考虑土壤的保水性，可增加前5种材料的用量；南方地区气候潮湿、降雨多，要多考虑土壤的排水性，可增加后5种材料的用量。此外，还要结合材料的价格，综合考虑性价比。

经多年实践种植，我总结出几个在江浙一带种植蔬菜、果树较好用的配土方子：

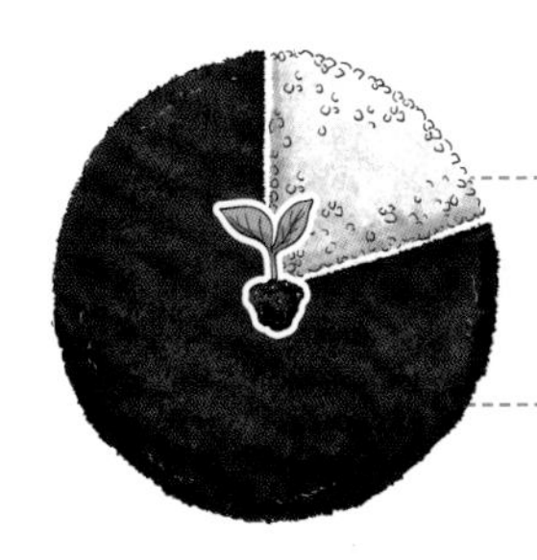

育苗土

4份泥炭土+1份珍珠岩

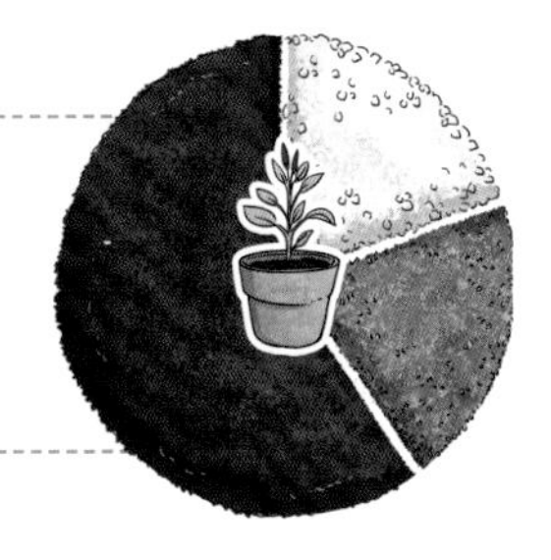

种植土1

3份泥炭土+1份珍珠岩+1份蛭石

（容重较轻，适合在对承重有限制的阳台使用）

种植土2

4份泥炭土+1份珍珠岩+1份粗砂

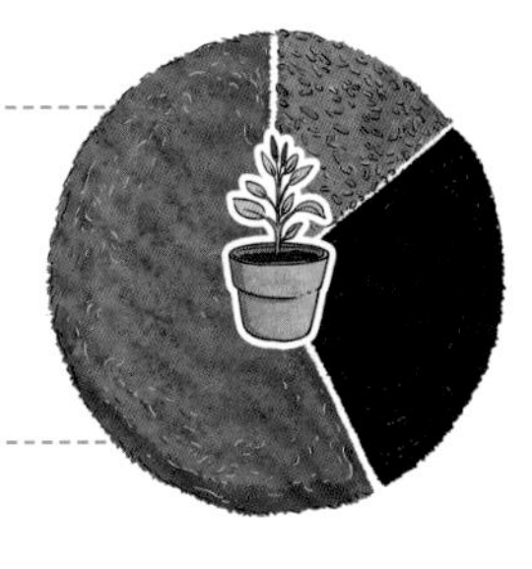

种植土3

4份细椰糠+2份堆肥土（或腐叶土）+1份火山石（或粗砂）

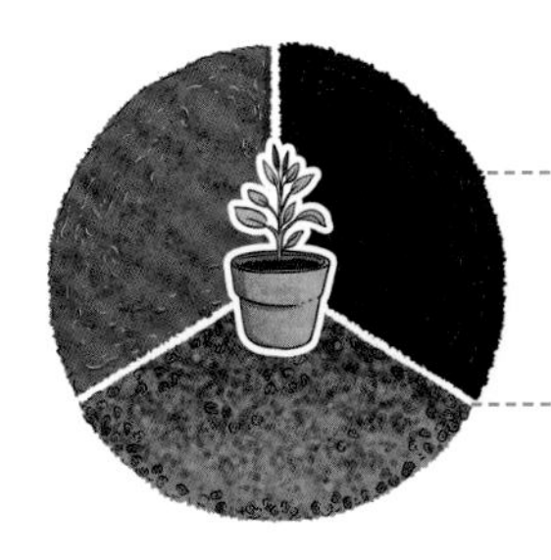

种植土4

1份园土+1份粗椰糠+1份堆肥土（或腐叶土）

商品营养土的选购

大家也可以直接购买商品营养土。在购买时，要注意检查营养土的质量。优质的营养土应当是无臭味、富含养分、排水性好、透气性好、无虫卵及杂草种子的。而劣质营养土种什么都长不好，还容易生各种小虫子。我总结了几个小方法来帮助大家判断营养土的质量如何。

判断营养土质量的3种方法

（1）塑料袋法

取一部分营养土，装入塑料袋中。将营养土浇湿，系紧塑料袋，放置3天左右。若塑料袋不鼓胀，营养土无明显臭味，就可判定营养土里的有机质已腐熟（未腐熟的有机质在发酵过程中会产生气体），可以直接将营养土拿来种植物。反之，则营养土质量差，要处理过才能拿来种植物。

塑料袋不鼓胀，土已腐熟

塑料袋鼓胀，土未腐熟

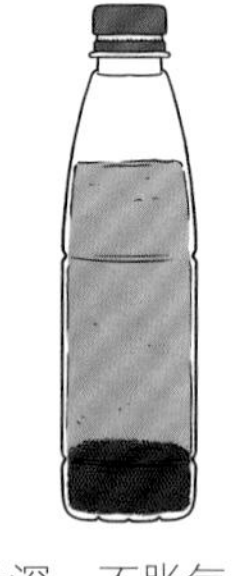

色深，不胀气，土质良好

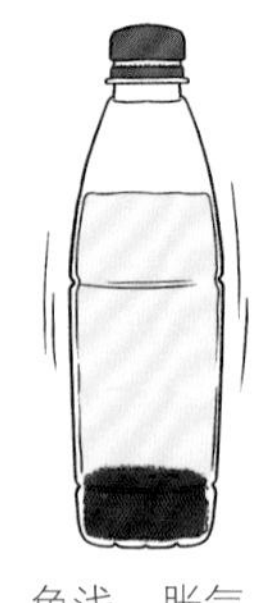

色浅，胀气，土质差

（2）液体法

取2把营养土放到透明塑料瓶中，加入5倍清水充分混合，放置1天1晚。若瓶中上层液体色深、瓶子不胀气或胀气不明显，则表明营养土质量好；若瓶中上层液体色浅、瓶子胀气严重，则表明营养土质量差。上层液体色深，说明营养土里含有较多的植物易吸收的可溶性有机质；瓶子不胀气，说明营养土里的有机质已腐熟。

（3）蚯蚓法

如果在家里做了蚯蚓堆肥的话，可以抓几条蚯蚓放到浇湿的营养土上。若蚯蚓一会儿就钻入营养土中，则表明营养土里的有机质已经腐熟，可以直接将营养土拿来种植物；若蚯蚓在营养土面上爬，不肯钻入营养土中，则表明营养土里的有机质未充分腐熟，营养土内有有害气体残留，蚯蚓因怕死而不肯钻进去。

蚯蚓钻入土中，土已腐熟

蚯蚓不肯钻入土中，土未腐熟

劣质营养土处理后再利用的方法

❶ 把劣质营养土倒入桶里，浇水，直到营养土呈湿润但不会流出水来的状态。如果家里有酵素或EM菌，也可以拌一些进去，以加快发酵速度。

❷ 盖上桶盖或包上塑料膜。密封程度不用太高，最好能保证空气可以少量进出，而虫子不会进去。在气温25℃左右的条件下，放1个月以上就可以了。这样做的目的是让劣质营养土里的有机质发酵分解。发酵好的营养土是没有臭味的。

❸ 经过处理的营养土类似泥炭土，可以作为配土材料，与其他配土材料混配后使用。

旧土的重复利用

一盆土种过一季蔬菜后，土里的营养一般就被消耗光了，土里还可能有病虫害。但如果我们对旧土进行消毒，并加入底肥，就可将其再用来种植，以实现重复利用。给旧土消毒，有下列3种方法：

平铺暴晒法

❶ 将旧土捣碎，挑出土中残留的根茎并丢掉，以防传染根结线虫等病虫害。

❷ 将塑料膜铺在地上，把旧土倒在塑料膜上，摊成1～2厘米厚的样子，在烈日下暴晒3～4天，把土晒干、晒透，以杀菌、杀虫。如遇下雨，只要迅速把塑料膜的4个角一拎，就可以把土收进屋里了。

装袋暴晒法

将旧土装入黑色塑料袋（1袋装10升左右）中，扎紧袋口，在烈日下暴晒7天以上，利用高温杀死土中的病菌和虫卵。

撒生石灰粉法

❶ 在每10升旧土中撒入50克左右生石灰粉，充分混合后在盆里堆放1周。

❷ 用水将土浇透。2天后就可以使用处理过的土了。

第 5 节

用对肥料养好菜

种蔬菜就像养娃，给蔬菜施肥就好比给娃吃饭、吃菜、吃水果、喝牛奶……娃吃得有营养，才会长得健康。菜也一样，“吃”了含有各种营养元素的肥料，才长得壮、长得肥。

肥料可分为有机肥（如各类饼肥、粪肥等）、化学肥料（如尿素、磷酸二氢钾等）及微生物菌剂。家庭有机种植推荐使用有机肥和微生物菌剂，不使用化学肥料。肥料按形态又可分为固体肥与液体肥（简称液肥）。

从营养元素开始认识肥料

蔬菜生长必需的营养元素分为大量元素（氮、磷、钾）、中量元素（硫、钙、镁）和微量元素（铁、硼、锰、锌、铜、钼、氯等）。不同的营养元素，在蔬菜生长过程中发挥的作用是不同的。我们要了解主要营养元素的作用及不同肥料中所含的主要营养元素，这样才能知道蔬菜在不同生长阶段需要什么肥。

氮

氮是蔬菜细胞合成蛋白质所需的主要元素之一，氮肥可以让蔬菜的茎叶长得茂盛。尤其在幼苗生长期，及时施氮肥能使蔬菜的茎叶生长得更加健壮。

在蔬菜长个儿期或花苞形成期，如果氮肥过多，会阻碍花苞的形成，造成枝叶徒长，使蔬菜缺乏抵抗力；如果氮肥过少，则会使蔬菜生长不良、枝弱叶小、不易开花。

豆渣饼、菜籽饼、芝麻饼等饼肥及各类粪肥富含氮，也含有磷、钾及其他微量元素，发酵后可用作以氮元素为主的有机肥。

磷

磷能促进蔬菜成熟，有助于花苞形成，还能强化根系，增强蔬菜的抗寒能力。因此，在寒冷地区种植蔬菜时可以稍微多施磷肥，以提高蔬菜的抗寒能力。

如果蔬菜缺乏磷，会影响开花，即使能开花，也会出现花朵小、花色淡等现象。施够磷肥能让花儿开得好，果儿结得多。

骨粉富含磷、钙，发酵后的骨粉是很好的有机磷肥、钙肥。

钾

钾能促进蔬菜茎干生长，可以使蔬菜枝干坚韧，并且能增强蔬菜的抗寒、抗病能力。草木灰富含钾元素，是很好的钾肥。

中、微量元素

有机肥中一般都含有丰富的中、微量元素。有机种植的蔬菜在生长过程中很少会出现缺少中、微量元素的现象，但有机肥施得不均衡的话，蔬菜也会因缺少某种营养元素而出现病害。如草木灰用得太多会阻碍茄科蔬菜对钙的吸收，使茄科蔬菜缺钙，出现脐腐病或烂果等现象。

了解常见的肥料

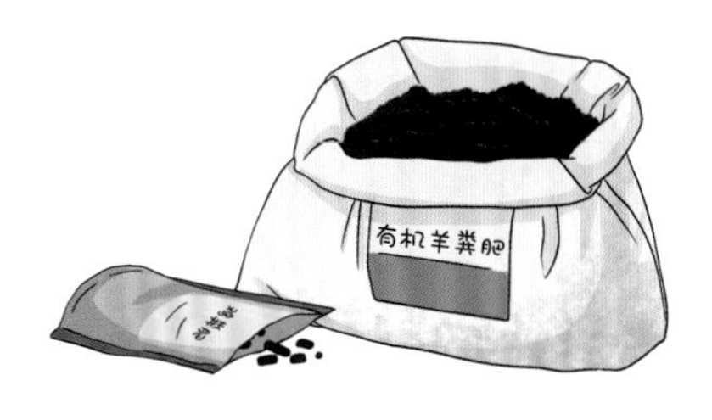

动物粪肥

禽畜的粪便做成的肥料，如羊、牛、鸡粪肥，富含氮、磷、钾，所含微量元素较全面。未腐熟的粪肥里会有病菌和虫卵，直接使用的话会造成蔬菜根系灼伤，影响蔬菜生长，也会把外界的病虫害传入，所以粪肥要充分发酵腐熟后才能使用。自己在家里用高温发酵粪肥很不方便，因此建议买正规厂家生产的发酵好的粪肥。

饼肥

饼肥是用植物种子榨油后留下的渣制成的，也叫油粕饼，包括豆饼、花生饼、菜籽饼等。饼肥也是含氮、磷、钾及微量元素较全面的肥料，也必须经发酵腐熟再使用。

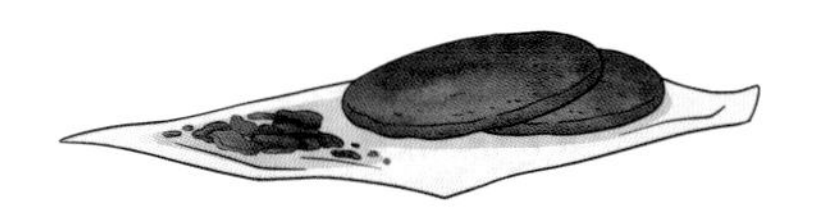

饼肥的发酵方法

❶ 在饼肥中加入EM菌混合，再加入红糖水（红糖和水的重量比为1∶10），把饼肥打湿、搅散，使拌好的饼肥呈握在手上可以捏成团但不滴水、手摊开后团会散开的状态。

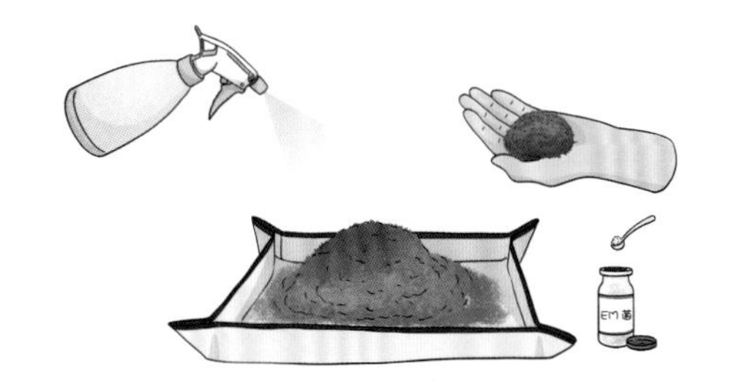

❷ 将拌好的饼肥放到水桶或广口塑料瓶里，盖上盖子但不拧紧（既可以让空气进入，又能防止虫子进去产卵）。

❸ 每2～3天搅拌一下，让空气进入。在气温为25～35℃的情况下，1周左右就发酵好了。气温低的话，发酵时间会延长。发酵好的饼肥有酸酸的味道，最好在1个月内用完，以免变质。实在用不完，也可以晒干后保存，慢慢使用。

骨粉

骨粉就是用牛、羊的骨头制成的粉，是一种富含磷、钙元素的肥料。骨粉也要经发酵后使用，发酵时，需在骨粉中加入等量的饼肥混合发酵。也可以在发酵饼肥或做堆肥土时加入1/10的骨粉一起发酵。骨粉是一种迟效性肥料，一般作为底肥使用。

草木灰

植物燃烧后余下的灰呈弱碱性，含钾量丰富，也含有一定的钙、磷、镁、铁、铜、锌、硼等元素，是一种速效肥。草木灰大多是粉状的，施在土面上易使土壤板结，所以建议大家使用稻壳炭（属于草木灰的一种）。稻壳炭呈小粒状，拌入土中可以疏松土质、提高钾含量，增加水果甜度或蔬菜坚实度。

草木灰的妙用

（1）消毒

草木灰中含有氢氧化钠、氢氧化钾等，能够有效地杀死细菌、病毒。在盆土表面薄薄地撒一层草木灰，可以预防蔬菜得灰霉病、角斑病等。

（2）杀虫

以1∶10的比例（重量比）将草木灰浸入水中，半天后把草木灰水过滤澄清，喷在蔬菜叶面上，可以杀死红蜘蛛和蚜虫。或者先把长了蚜虫的叶面用水喷湿，再把草木灰直接撒在上面，也能杀死蚜虫，几天后把叶面上的草木灰冲洗干净即可。把草木灰撒在盆土表面，还可以杀死小蜗牛和蛞蝓。

（3）促进植株伤口愈合

下雨天采收了蔬菜后，在植株伤口处抹一点儿草木灰，能预防植株被细菌感染，而且会使伤口更快愈合。

（4）调节土壤酸碱度

草木灰是弱碱性的，若盆土偏酸性，可用草木灰来调节土壤的酸碱度。有菜友担心用了草木灰会使土壤变成碱性的，这个不用担心，因为我们常用的其他有机肥是弱酸性的，能与弱碱性的草木灰中和。

微生物菌剂

微生物菌剂包括枯草芽孢杆菌、哈茨木霉菌、淡紫拟青霉菌、厚孢轮枝菌等。微生物菌剂可以改良土壤，消灭土中的有害菌，提高有机肥的利用率，让蔬菜根系更健康。

商品有机肥

商品有机肥指采用先进的生物技术及配套加工设备，通过集中处理有机物料生产出的达到国家标准的有机肥料。商品有机肥是完全腐熟的，不会引起烧根、烧苗，且经过高温腐熟，不含有病菌与虫卵。商品有机肥养分全面均衡且无异味，菜友们可以在网上或当地农资店购买。

购买符合标准的商品有机肥

自制有机肥

菜友们在家也可以尝试着自制一些有机肥，如厨余酵素肥、有机堆肥等。具体方法我会在后文中（第21～23页）说明。

如何给蔬菜施肥

要施蔬菜想“吃”的肥

各种蔬菜在生长发育过程中都需要氮、磷、钾这3种营养元素，但在长个儿期，植物需氮量大，我们要多施含氮量高的肥，如各种饼肥或粪肥；在开花结果期，植物需氮量减少，需磷、钾量增加，我们要多施骨粉和草木灰。这两种肥（特别是骨粉）最好是在移苗的时候就埋入土中做底肥，这样植物的根长到中后期时正好可以“吃”到大量肥。如果移苗的时候忘记埋入了，后期也可以用草木灰追肥，将其拌入土表。

长个儿期，需氮量大，要多施含氮量高的肥

开花结果期，需磷、钾量增加，要多施骨粉和草木灰

把肥喂在蔬菜的“嘴”里

（1）底肥

人靠嘴吃饭，菜靠根“吃”肥。根的“嘴”在根梢，把肥料施在根梢的集中分布带才有利于根系吸收。因此，在移苗时要放入足够的底肥，即把肥料混在土中或埋在盆土中下层。

移苗时要放入足够的底肥

底肥的多少与所种植物的品种有关。生长期长、开花结果周期长、株型大的，底肥要多。反之，就少一些。

种瓜类、茄科类、甘蓝类蔬菜及各种可持续采收的大型叶菜时，要在每株菜苗下的盆底土里加入1千克发酵好的羊粪肥（或250克发酵好的饼肥）、50克骨粉、80克草木灰；种小型叶菜时，一般在10升盆土里拌入50克发酵好的饼肥（或500克发酵好的羊粪肥）、20克骨粉、50克草木灰。

（2）追肥

追肥量要根据植株的生长状况来调整。前期植株小，肥要少一些；后期植株大，肥要多一些。在盆栽植物生长过程中，盆土会慢慢变浅，一是因为土里的有机质被植物分解、吸收了，二是因为不断浇水把盆土浇紧实了。因此，我们要定期松土、施肥、加入新土。

①盆土追肥：从菜苗有3片真叶开始，每周就要给它浇1次淡淡的、含氮量高的液肥。一般追肥要施在距离蔬菜根茎5～15厘米处，这样肥随水渗入土中，根梢正好可以“吃”到。当菜苗根系长到足够大，可以“吃”到盆土中的底肥时，就可以暂时不用追肥。对于瓜类、茄科类等生长周期长的蔬菜，为了让它们在生长后期也能获得足够的养分，除了每周追施液肥，还可以每个月追施固体有机肥。方法是在每株蔬菜的盆土表面挖小洞或小沟，撒入发酵好的饼肥（或羊粪肥、商品固体有机肥），再盖2厘米左右厚的土（以免肥料养分散失及长小黑飞）。

盆土追肥和叶面追肥

②叶面追肥：蔬菜的叶子也会“吃”肥。特别是在蔬菜生长状况不佳、需要快速补充养分的时候，我们可以把稀释后的液肥喷在叶子正反面。叶子吸收养分的速度更快，追肥的效果更好。

不能让蔬菜“干吃”肥

肥料施足后，若土壤湿度不够，根系仍然吸收不了肥。施入土壤中的各种肥料本身没有生命，也不会运动，只有当它们溶于水后，才能被根系吸收利用。所以，如果土壤中水分不足，那么肥料再多，蔬菜也“吃”不到身体里去。

在家自制有机肥

厨余酵素肥

厨余酵素肥是用水果皮（或烂水果）自制的有机液肥，除了含有一定量的氮、磷、钾，以及中、微量元素外，还富含有益微生物。将它喷施在蔬菜叶面或浇在盆土里，可以让蔬菜长得更健壮，叶片肥厚、油绿，病虫害明显减少。

（1）制作方法

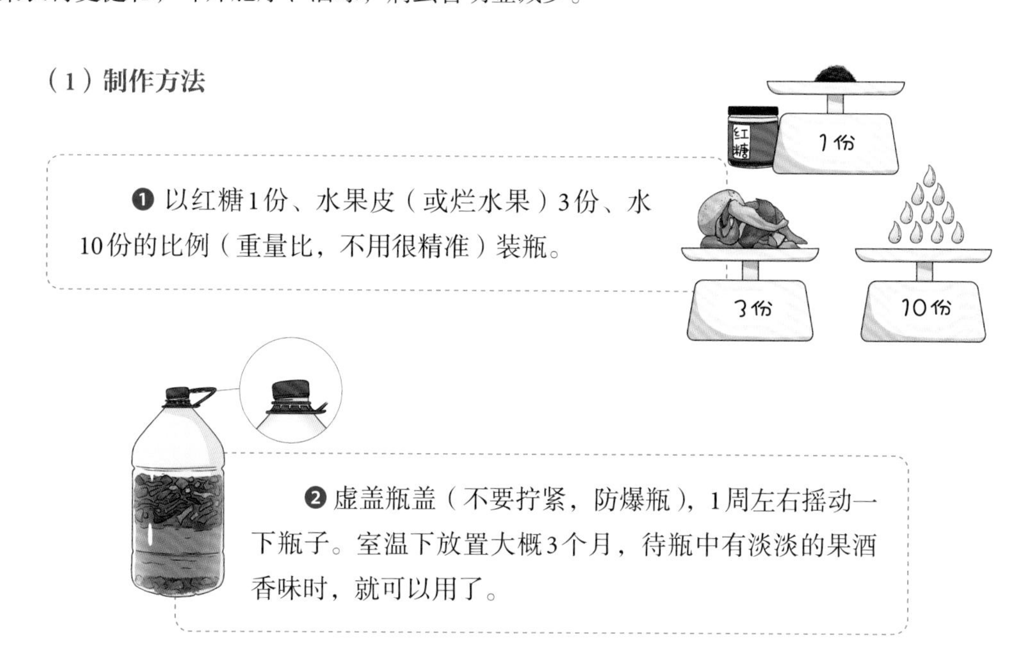

❶ 以红糖1份、水果皮（或烂水果）3份、水10份的比例（重量比，不用很精准）装瓶。

❷ 虚盖瓶盖（不要拧紧，防爆瓶），1周左右摇动一下瓶子。室温下放置大概3个月，待瓶中有淡淡的果酒香味时，就可以用了。

（2）温馨提示

尽量用塑料瓶，不要用玻璃瓶，以免爆瓶伤人。另外，如果制作中途发现液面发霉了，只要取出霉块，摇几下后再加点儿红糖即可继续发酵。

发酵时间的长短与当地的气温以及原料的体积有关。气温越高，发酵速度越快；原料体积越小，发酵速度越快。

（3）使用方法

揪一小块海绵塞在漏斗口，把酵素肥上层液体倒出，过滤掉杂质后装瓶，虚盖瓶盖保存（不要拧紧，防二次发酵爆瓶）。用时再以1：100的比例稀释后倒入喷壶，直接喷在蔬菜叶子的正反面。

过滤酵素肥上层液体

过滤出的杂质和瓶底的水果渣都是宝贝，杂质加100倍水稀释后可作浇在土里的液肥；水果渣可代替EM菌用来制做堆肥，也可在翻盆时直接和土拌一起做底肥。时间久了，酵素肥表面会形成一层透明菌盖，下面也会有沉淀物，这些都不影响酵素肥的使用。将菌盖倒出来后剪碎，可以埋入盆里做底肥。

过期食品酵素肥

过期食品酵素肥的制作方法同厨余酵素肥，只是将原料换成了过期食品。这种酵素肥也是微生物菌剂的一种，可以活化土壤，补充氮元素。

（1）原料

粉状过期食品（如面粉、玉米粉、米粉、芝麻粉、黄豆粉、奶粉等）

长虫或过期的五谷杂粮（如豆类、芝麻、黑米、大米等）

吃剩的不含油、盐的粮食（如米饭、馒头等）

（2）制作方法

同厨余酵素肥。气温在25℃以上的话，用粉状过期食品做的液肥大概发酵3周就可以用了。

（3）使用方法

加50倍的水稀释后施肥，可以让蔬菜长得更油绿。施肥时要浇在盆土的边缘，不要直接浇在蔬菜的根茎上，以防根茎腐烂。

EM菌堆肥

EM菌堆肥是一种含有各种养分的全能肥。制作时，把含碳量、含氮量高的有机物混合，加入水，同时加入EM菌。EM菌会以有机物为食物进行繁殖，并把有机物分解成植物可以吸收的肥料。有机物的比例在实际操作中较难掌控，菜友们需不断实践、总结。

（1）原料

A：含碳量高的有机物，如椰糠、谷壳、干树叶、木屑、花生壳、瓜子壳等。

B：含氮量高的有机物，如水果皮、烂水果、蔬菜叶子、各种水草（或海藻）、咖啡渣、其他不含油和盐的植物类过期食品（不要动物类的，动物类的在家庭中制作时容易招虫）。

C：EM菌（网上有售）。

按A、B、C 3个分类准备堆肥原料

（2）**制作方法**

把A、B、C 3种原料充分混合，原料A的用量为原料B的2倍以上，原料C按商品使用说明添加。加入水搅拌，使拌好后的原料呈湿润但不滴水的状态。将原料放到容器中，盖好盖子，以防各类虫子进入。如有新的原料要加入，则重复上述过程，直到原料量达到容器容量的2/3为止。为了让有机物更容易分解，需每2～3周翻拌1次。如果原料变干了，可以喷些水以保持湿润。当原料变成棕黑色粉末时，堆肥就制作完成了。堆肥时间的长短主要取决于当地的气温和原料的体积。原料体积越小，分解速度越快；当地气温越高，分解速度越快。

变成棕黑色粉末，堆肥完成

（3）**使用方法**

可以将EM菌堆肥混入其他配土材料中使用，也可以将其作为底肥和追肥使用。使用时，如果里面还有较大块的有机物没有被分解，可以用一个筛子把它们筛出来，放回容器中继续分解。

蛋壳醋钙肥

如果番茄、茄子、辣椒因缺钙得了脐腐病，那么我们可以用蛋壳自制一些水溶性钙肥来救急。蛋壳醋钙肥是一种水溶性钙肥，能被蔬菜迅速地吸收，肥效很好。

（1）**制作方法**

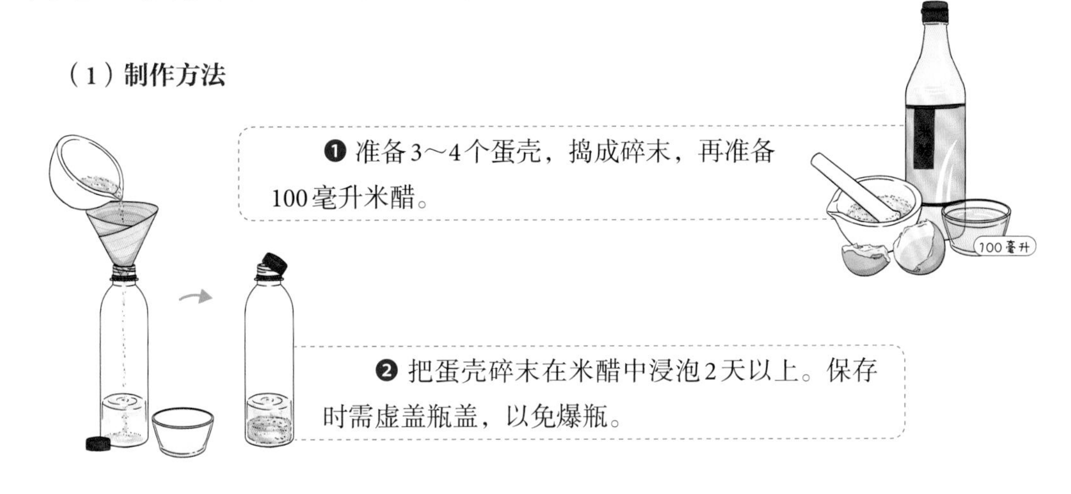

（2）**使用方法**

使用时取蛋壳醋液，兑水稀释200倍后装入喷壶中。将稀释液喷在小果上、叶面上，或浇在土里，每周使用1次。

第2章 种植基础知识

如果事先了解一些蔬菜种植的基础知识，种菜时就会事半功倍，我们也能轻松种出又肥又壮的有机蔬菜。比如，我们要了解哪些蔬菜喜欢温热的天气，哪些蔬菜喜欢冷凉的天气；知道哪些蔬菜喜欢大太阳，哪些蔬菜不爱一直晒太阳；懂得怎么用有机的方法防控病虫害，让蔬菜健康地生长……

第 1 节

了解常用的种植术语

一些菜友刚学种植时对种植术语缺乏了解，学起种植知识来就比较困难。在这里，用大白话来为菜友们科普一下。

间苗

间苗又称疏苗。播种时种子撒多了，苗长得密密麻麻，这些苗挤在一起，因通风不良、光照不足，只好互相争夺养分，谁也长不好。这时，就需要拔除或剪除部分弱苗，让长势好的苗更好地生长。

拔出弱苗，帮助长势好的苗生长

假植

假植就是临时、过渡阶段的种植。比如播种后小苗长出来了，但我们还没决定最终将它种在哪里；或是为了让小苗的根系有合适的生长空间，得先找个大小合适的盆种着，等苗大些再换盆；再或者网购的苗到货时状态不是很好，要先调养一下、找个小盆种起来，到时候再移栽，这些情况下都需要进行假植。

先用小盆种着

定植

苗种下去就这么定了，不再换盆、换地儿，以后就让植物在这里长了，这就叫定植。

定植了，不再换盆了

打顶

打顶又叫摘芯、打尖，就是把植物顶部的嫩芽剪掉。打顶可以促进植物长分枝，也可以让植物将更多的营养供给果实。

打顶促进分枝

弱不禁风的徒长苗

徒长

在育苗期或苗生长期，如果苗因缺乏光照或者水分过多而长得细细长长、弱不禁风，我们就说苗徒长了。

整枝

为了让植株将养分更好地供给待长大的枝叶和果实，我们要把已经老化的或细弱的枝叶修剪掉，这个操作就叫整枝。

修剪老枝、弱枝

摘去部分花朵

疏花

一株植物开了很多花后，由于植物的养分有限，供不了每朵花结果长大，这时我们就要摘去部分花朵来节省养分，确保留下来的花有足够的营养结果长大，这个操作就叫疏花。

疏果

一株植物如果同时挂了太多果，很有可能因养分供给不足而发生落果，或者出现果实偏小、质量偏差的情况。在果实还小的时候就摘去一部分，可以保证留下来的果实更好地长大。种植黄瓜、大番茄、小番茄、甜椒等果蔬时常会采用疏果的办法。

摘去部分果实

第 2 节

蔬菜习性大不同

不同科、属的蔬菜有不同的个性，我们称之为习性。只要我们根据蔬菜的习性，给它们最适合的种植环境，满足它们的需求，就能把蔬菜种得很好。

有的蔬菜喜欢高温，比如秋葵；有的喜欢冷凉气候，比如红菜薹；有的喜欢一天到晚晒太阳，比如辣椒、茄子；有的只喜欢晒早晚的太阳，比如生姜；有的比较耐干旱，比如番薯；有的一定要长在湿润的地方，比如水芹菜。

所以，我们在种植每种蔬菜前，一定要先去网上搜一下这种蔬菜的习性，看看它的原产地，也就是它的老家。就像我们人一样，如果老家是四川的，则可能爱吃辣；如果是江苏的，则大概率爱吃甜。一种植物的原产地如果是沙漠地带，那么它就喜欢大太阳、强光照，并且比较耐旱；如果是雨林，那么它就喜欢潮湿、温暖、半阴的小环境。

举个例子：秋葵原产于非洲埃塞俄比亚附近以及亚洲热带地区，这就证明它喜欢高温，喜欢晒太阳。事实证明，在30～38℃的气温下，秋葵结果最多、长得最快。但秋葵不耐霜冻，一冻就死了。

想要种好秋葵，一定要知道它的习性

第3节

环境对蔬菜的影响

不同蔬菜之间有很大的差异性，它们对温度、光照、水分的要求各不相同。我们可以根据蔬菜的习性、喜好来选择适合在自家阳台种植的蔬菜品种，并通过改善种植小环境来使蔬菜生长得更好。

接下来，我从温度、光照、水分、空气4个因素来介绍环境对蔬菜的影响。

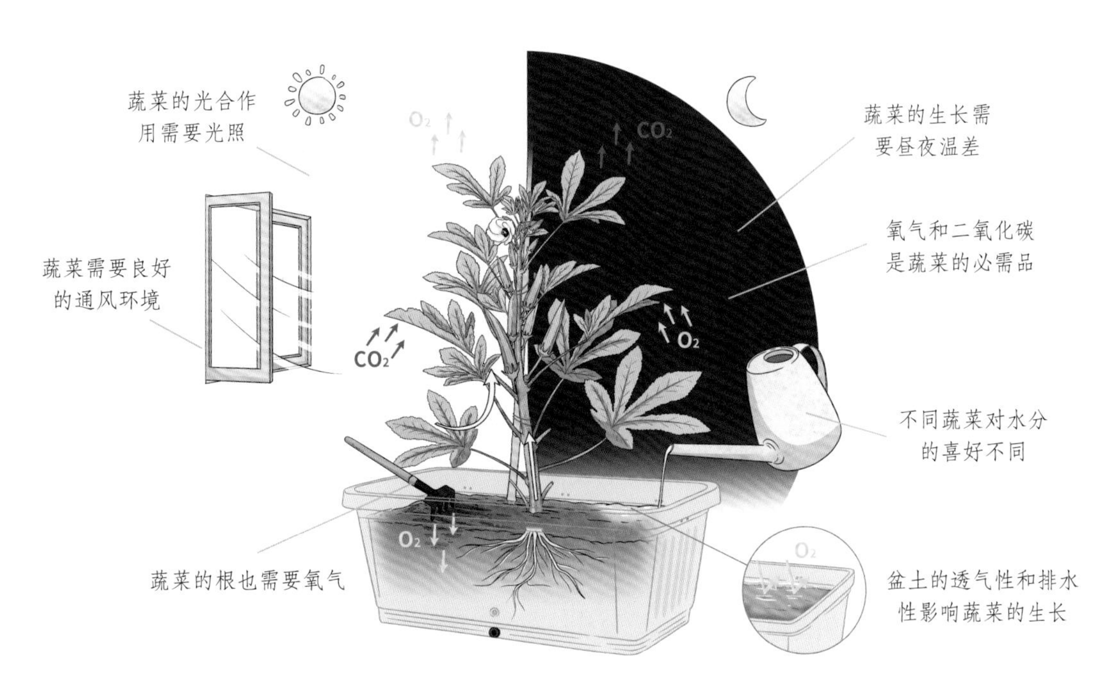

环境直接影响蔬菜的生长速度、品质和产量

温度对蔬菜的影响

温度对蔬菜生长的影响很大，绝大部分的蔬菜与人类一样，喜欢18～25℃的气温，在这个温度范围内，它们觉得最舒适，生长速度也最快。

但蔬菜之间又有很大的差异性。有些蔬菜喜欢冷凉的气候，有些蔬菜喜欢炎热的气候，有些蔬菜在高于30℃的气温下会进入半休眠的状态，有些蔬菜在短时期零下几摄氏度的气温下也能够缓慢生长。

了解了不同蔬菜对温度的不同要求，我们就可以确定种植的时间，种对菜，种好菜。

喜温型蔬菜

这类蔬菜一般在春、夏季种植。茄科类、豆类、瓜类蔬菜，以及葱、韭菜等都属于喜温型蔬菜。

耐热型蔬菜

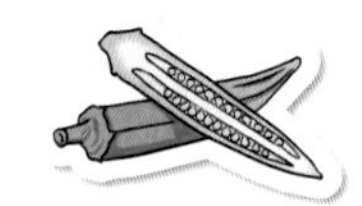

这类蔬菜就算是在气温高达40℃的大夏天也能长得很好。苋菜、空心菜、木耳菜、秋葵等都属于耐热型蔬菜。

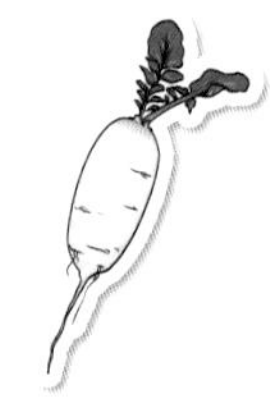

喜凉型蔬菜

这类蔬菜一般在早春种植，在初夏之前收获，或在初秋到初冬种植。它们在幼苗期需要凉爽的天气，在成熟期如遇霜寒还会变得更好吃。喜凉型蔬菜包括萝卜类、甘蓝类、菜薹类蔬菜，以及大白菜、马铃薯、生菜、莴苣、油麦菜、芹菜、菠菜、香菜、大蒜等。

耐寒型蔬菜

这类蔬菜在幼苗期不怕冰雪，包括蚕豆、豌豆、小油菜等。它们在冬天几乎不生长，但会从早春开始快速生长，并在初夏前成熟。

蔬菜的生长需要昼夜温差

白天，蔬菜在晒太阳或照到明亮的光线时会进行光合作用，生成营养物质；晚上，蔬菜会消耗白天积累的营养物质，且晚上气温越高，营养物质就消耗得越多。一般夜温比昼温低8～10℃的环境比较适合种菜，这种环境下蔬菜可以储存下较多的营养物质来保证植株的生长或果实的长大。

新疆的瓜果为什么特别好吃呢？一个重要的原因就是新疆地区昼夜温差大，瓜果能储存下来的营养物质多。知道了这个道理，我们就要尽量给蔬菜创造能保证昼夜温差的环境，比如在室内封闭阳台种菜时，我们可以通过晚上开窗通风的方式来降低温度。

光照对蔬菜的影响

不同的蔬菜对光照的需求不一样。根据对光照需求的不同，我们可以将蔬菜分成喜阳型蔬菜、喜阳但较耐阴型蔬菜、耐阴型蔬菜。了解蔬菜对光照的需求后，我们可以根据自家阳台的光照条件种植合适的蔬菜，并合理进行立体种植或套种，把家庭有限的种植空间充分利用起来。蔬菜如果种错了地方，就有可能长得又瘦又弱，还爱生各种病、虫。有的瓜果类蔬菜因为光照不够，还会一个果也不结呢。

喜阳型蔬菜

喜欢从早到晚晒太阳的蔬菜，主要有辣椒、茄子、秋葵、大番茄、冬瓜、丝瓜、南瓜、苦瓜、葫芦等。这类蔬菜要种在全天光照良好的阳台上。

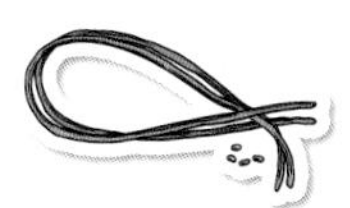

喜阳但较耐阴型蔬菜

喜欢光照，但在有半天光照的地方也能生长得很好的蔬菜，主要有花椰菜、西蓝花、抱子甘蓝、大白菜、樱桃番茄、黄瓜、菜豆、豇豆、扁豆、马铃薯、菜薹、胡萝卜、大中型萝卜等。这类蔬菜可以种在东阳台或西阳台上。当然，如果有全日照，它们会长得更健壮。

耐阴型蔬菜

有明亮光线或散射阳光就可以正常生长的蔬菜，主要有韭菜、葱、生姜、香菜、生菜、菠菜、菊苣、快菜、芝麻菜、京水菜、叶用番薯、空心菜、苋菜、羽衣甘蓝、芹菜、芦笋、木耳菜、青蒜等。这类蔬菜可以种在光线明亮的北阳台。当然，如果有半天的光照，它们会长得更健壮。

水分对蔬菜的影响

经常有菜友问我："为什么你种出来的蔬菜看上去都那么水灵，而我种的就长不好？"一个原因就是很多菜友不了解不同蔬菜对水分的需求。有些蔬菜喜湿，有些蔬菜喜干。了解了不同蔬菜对水分的喜好后，再合理浇水，就能让蔬菜水灵灵的。

喜湿型蔬菜

原本就是水生植物的蔬菜最喜湿，如空心菜、水芹菜、芋头、莲藕、茭白等。

较喜湿型蔬菜

瓜果类蔬菜对水分需求较大，喜欢湿润的土壤。黄瓜、丝瓜、冬瓜、葫芦、番茄、茄子、辣椒、秋葵等都属于较喜湿型蔬菜。在苗期，我们可以通过适当控水让蔬菜的根系长得更发达；但在旺盛生长期，这类蔬菜枝叶多，果实长大也需要大量的水分，浇水量就需要加大。不过它们和水生植物不一样，虽然需要水，却不能忍受根系泡在水里。因此，这类蔬菜要种在排水性好的湿润的土壤中。

微喜湿型蔬菜

叶菜通常不耐旱，喜欢生长在微湿的土壤中，如果土太干，叶菜会变得老、硬、难吃。所以，在种植生菜、空心菜、苋菜、叶用番薯、小白菜等叶菜时，土壤不能“见干见湿”，而是要始终保持湿润。只要土干过几次，蔬菜的茎叶就会变老，吃起来也会又硬又涩。比如生菜，只要有一次干到叶片耷拉下来，它就会变苦。另外，种植根茎类蔬菜，如白萝卜、胡萝卜时，也要保持土壤湿润，不能一会儿太湿、一会儿太干，否则萝卜容易空心、开裂。

耐旱型蔬菜

番薯、山药及豆类蔬菜比较耐旱。但豆类蔬菜在开花结果时需要湿润的土壤，土壤太干的话，豆类蔬菜也会落花、落豆。马铃薯也比较耐旱，如果土壤太湿了，它就会烂根。

给盆土保湿、少浇水的方法

可以在盆土上盖些无添加剂的果核、果壳、松树皮或宽叶落叶、花生壳、玉米叶等，这些覆盖物既透气又能起到保湿作用，还可以防止小飞虫繁殖。等换季的时候，把这些覆盖物翻入土中，它们就变成了改良土壤结构的有机质。真是一举多得！

空气对蔬菜的影响

我们经常说种菜要通风，这是因为空气中的氧气和二氧化碳对植物来说非常重要，它们是植物光合作用及呼吸作用的原料。

氧气和二氧化碳是植物的必需品

白天，植物接受光照，吸入二氧化碳进行光合作用，把二氧化碳和水分转化成了营养物质，同时释放氧气。营养物质会促进叶子、枝干、花苞、果实生长。晚上，植物虽然停止了光合作用，但还在不停呼吸，不断消耗氧气，释放二氧化碳。

植物需要良好的通风环境

如果不通风，在白天，植物把身边的二氧化碳“吃”光后，又不能挪位置、换地方，就“吃”不到更多的二氧化碳了，也就不能充分进行光合作用了；在晚上，植物吸不到足够的氧气，就不能正常进行呼吸作用。如果不能充分进行光合作用和呼吸作用，植物就会长得弱，抵抗力会降低，叶片会变黄，病虫害也会趁机来伤害植物（这也是不通风容易引起各种病虫害的原因）。不通风是在封闭阳台种不好蔬菜的主要原因之一。因此，种植环境要保持通风，要让植物随时能“吃”到所需要的二氧化碳和氧气。

植物的根也需要氧气

在土壤过于紧实或表土板结时，植物根系可吸收到的氧气不足，根系就会呼吸困难，生长也会受到抑制，不仅新根难以长出，老根还会变黑、腐烂。因此，我们要经常给植物松松土，让空气进入土壤中；也要适量浇水，如果土壤一直很湿，那么土壤的缝隙都会被水填满，氧气进不去，植物的根就会烂掉。

第4节

了解家庭种菜小环境

为了更好地种菜，我们需要了解自家的种菜小环境。

气候不同，种植时间不同

中国地域广袤，南北方的气候各不相同，所以不同地区种植各种蔬菜的时间也各不相同。在南方，很多蔬菜可以种植两季甚至四季，而在北方，很多蔬菜可能就只能种一季。南方的春天来得早，春播时间就早；北方的春天来得迟，春播时间就迟。因此，网上的各种种植时间表并不是全国通用的。

小环境不同，适合种的蔬菜不同

想要种好菜，一定要先仔细观察自己家的种菜小环境，了解自家阳台的温度、湿度，观察光照的四季变化，做好记录并总结规律，然后根据本章第3节讲到的温度、光照、水分、空气对蔬菜生长的影响，找到最适合在自家种菜小环境内生长的蔬菜，确定最佳的种植时间。

阳台盆栽不同于地栽

就算在同一地区，阳台的小环境与田地、山林的也大有不同。由于受城市热岛效应及阳台墙壁吸热的影响，在冬天和夏天，阳台的温度要比山林、田地的温度更高；在春天，阳台的温度回升得更快；在秋天，阳台的温度又会降得更慢。根据这个规律，我们在阳台进行早春播种、移苗时，可以比地栽早10天左右，夏天时要做好遮阳，秋天时可以比地栽晚播种1周左右，冬天时收获期会比地栽的长一些。

阳台的空气湿度也比田地、山林的更低，所以在干燥的季节，要及时给种在阳台的蔬菜浇水，以保持土壤湿润。

第 5 节

从播种开始

播种是家庭小面积种菜最常用到的繁育方法。亲手将蔬菜从一粒种子培育到长大，直到它开花结果，这个过程很疗愈身心，也让人很有成就感。下面，我将带领大家从播种开始学习种菜。当然，除播种外，我们也可以使用扦插、嫁接、分株、压条等繁育方式（我会在下一节依次进行讲解）。灵活运用各种繁育方式，就可以高效地培育出各种蔬菜了。

播种前的准备

育苗土

使用新土育苗时，可以将4份泥炭土和1份珍珠岩混合

使用旧土育苗前，要先让土晒几天太阳以杀菌去虫

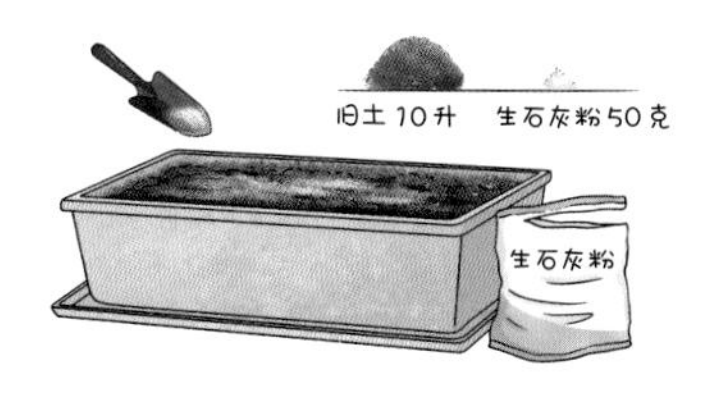

在旧土中拌入生石灰粉，也可以杀菌去虫

育苗盆

购买直径为6～10厘米的育苗盆

一次性杯子也可作育苗盆，只需在杯底打几个小孔

播种的环境

温度和光照

种子发芽需要合适的温度，不同蔬菜种子发芽需要的温度不同，这和蔬菜的适温性有关。大部分喜温性蔬菜，也就是春播的蔬菜，如茄科类、瓜类和豆类蔬菜，种子发芽所需要的温度都较高。我们只要保持土温在20～25℃，晚上温度低、白天温度高，日夜温差有8～10℃，育出的苗就会长得强壮。

种子发芽需要合适的温度和光照

光对种子发芽的影响很大，有的种子喜欢光，有的不喜欢光，有的则对光不敏感。知道了这一点，我们就知道播种的时候是否要遮光了。

①喜欢光的种子：这类种子在有光的条件下容易发芽，而在黑暗的条件下不能发芽或发芽不良。如莴苣、紫苏、芹菜、胡萝卜等的种子。

②喜欢暗的种子：这类种子在有光的条件下发芽不良，而在黑暗的条件下却容易发芽。如葱、韭菜、茄科类及瓜类等的种子。

③对光不敏感的种子：大多数种子对光不敏感，在有光或黑暗的条件下都能发芽。如菠菜及菜豆、豌豆、蚕豆等许多豆类蔬菜的种子。

空气和水分

播种时，育苗土需要保持湿润、透气。如果只有温度合适，但土里的氧气供应不足，那么种子也不会发芽，甚至会腐烂。

播种时盖土过厚会造成种子缺氧，进而影响发芽，所以我们一般盖土的量是种子大小的两倍。育苗土不疏松、排水不良，或播种后因遇大雨造成土中缺乏氧气，都会导致种子不易发芽，甚至腐烂，所以要让育苗土保持湿润，但不能一直湿烂的状态。记得要把育苗盆放在雨淋不到的地方。

把育苗盆放在雨淋不到的地方

种子的处理

晒种

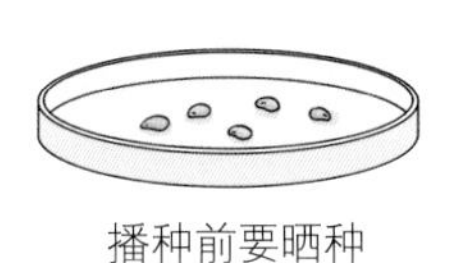
播种前要晒种

播种前，可以让种子在大太阳下晒一天。晒过的种子与没有晒过的相比，出苗更快，出的苗更壮，在种植过程中更少生病。原因有3个：①晒种能够增强种皮透气性，打破种子休眠期，唤醒种子；②晒种能够提高种子中酶的活性，以及种子的发芽率；③晒种能够杀死种子自身携带的一些病菌，减轻苗期病害。

泡种催芽

为了保证出芽率，我们可以在播种前进行催芽。泡种催芽是最常用的催芽方式。

❶ 将种子用温水浸泡8小时左右。

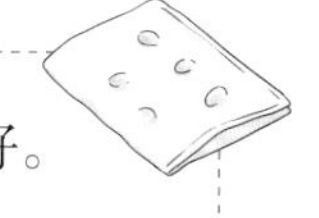

❷ 用打湿的纸巾将种子包好。

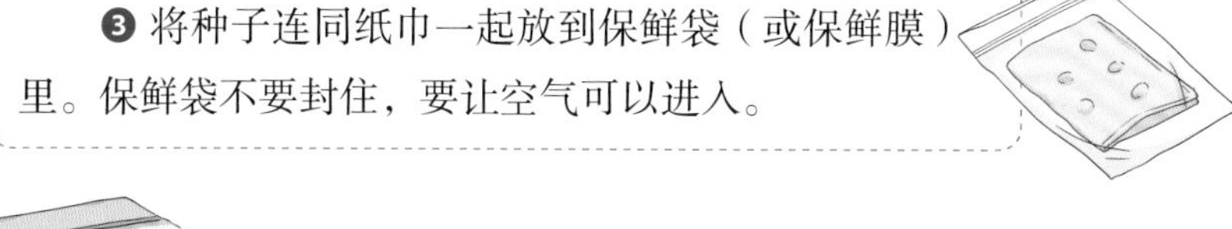

❸ 将种子连同纸巾一起放到保鲜袋（或保鲜膜）里。保鲜袋不要封住，要让空气可以进入。

❹ 气温低的话，可以将保鲜袋（或保鲜膜）放到机顶盒上“蹭热度”，再盖块毛巾保温（记得每天换纸巾，以免种子发霉）。

❺ 不同种子发芽的速度不同，一般1～7天发芽。种子伸出毛茸茸的“小白腿”时，代表催芽成功。

开始播种

在育苗盆里播种

阳台种植，用苗量较少，为了提高种植盆利用率并延长蔬菜收获期，可以先用育苗盆单独育苗。

❶ 播种前，在育苗盆内装满育苗土，浇湿。

❷ 用手指在土里戳一个小洞（深度一般为种子直径的1～2倍）。

❸ 平放入种子，盖上土，轻轻用手指按一下，让种子躺稳。

❹ 盖上打了几个小孔的保鲜膜来保湿。做好标签，以免弄混品种。

一般蔬菜种子发芽和幼苗生长最喜欢的温度是15～25℃。

早春育苗时，室外气温较低，要将育苗盆放在室内南向阳台或窗台上。如果还达不到育苗温度，可以在育苗盆下面垫一个电热地垫，利用电热地垫的最低档加温。同时，在育苗盆上面盖上塑料膜保温，并记得每天揭开塑料膜通一下风。为了让根系更好地生长，不要直接用冷水浇小苗，应该用25～30℃的温水。将温水浇到育苗盆下的托盘里，让盆土自己把水吸上去，这样会让小苗的根系长得更好。

夏秋季育苗时就省事多了，只要把育苗盆放在其他大型植物下，或早晚都能晒到太阳的地方，小苗就会长得很好。

蔬菜种子带壳出苗怎么办？

❶ 育苗时如果盆土偏干，会发生种子带壳出苗的现象，有时候种壳和子叶粘得很牢，壳比较难取下。

❷ 这个时候，可以喷湿带着种壳的小苗，在育苗盆上套一个内壁喷了水的塑料袋，给育苗盆小环境增加空气湿度。

❸ 待种壳吸水涨开了，小心地取下种壳即可，尽量不要伤到子叶。

在种植盆里播种

直接在种植盆里播种的方法也叫直播。直播适用于小青菜、茼蒿等叶菜，以及一些不宜移苗的蔬菜，如胡萝卜、萝卜等。

浇水

出苗后，挖开土表下3厘米左右厚的土壤看一看，如果土干了，就要浇水。将水浇到托盘里，让盆土自己把水吸上去，这样有利于小苗的根系生长。

土干了，该浇水了

给小苗施肥

施肥

小苗有1片真叶后，可以准备好自制有机液肥或含氮量高的商品有机肥（如氨基酸肥），以1∶100的比例（或按商品说明）稀释后浇到托盘里。浇到托盘里的好处是不会因施肥引起烂根。

移苗

❶ 小苗有3～5片真叶后，在气候合适的情况下，就可以移苗了。移苗时先要准备一个大的种植盆，在盆土里加好底肥，拌匀，然后浇湿盆土。

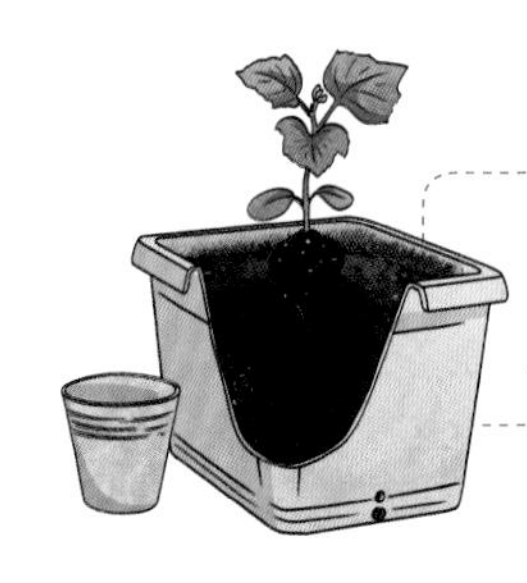

❷ 挖出与育苗盆差不多大小的坑，把小苗连同整个土团一起从育苗盆中脱出，放入坑中。

❸ 培好土后轻轻地浇少量水，让盆土与小苗的根系充分结合，同时要避免浇大量水时产生的冲击力伤到小苗的根系。移苗最好在阴天或晴天的下午进行，这样可以使小苗在新环境中慢慢缓和过来，让小苗的枝叶和根系都能适应新环境。

如何移植网购苗?

现在在网上买苗很方便，很多菜友会选择网购苗。那么对于网购苗的移植，我们要注意些什么呢?

(1)缓苗

❶ 对于网购苗，我们在打开快递后不要着急移苗，因为苗的茎、叶在运送的这几天中一般会失水，所以我们要先给苗的叶子喷水，让苗在快速吸收水分后恢复过来。

❷ 如果苗上的土团也干了，就要给土团喷水，喷到整个土团都湿了为止。喷好水后，将苗放到明亮但晒不到太阳的地方，半天后再进行种植。

(2)假植养护

❶ 对于苗情好的网购苗，可以直接进行移苗。但如果苗情很差，苗看起来半死不活，就要先进行假植养护。在一个直径为10～12厘米的小种植盆内装入育苗土或一般的盆土，将苗先种起来。种好后，将苗先放在明亮但晒不到太阳的地方养3～7天。

❷ 等苗的叶子看起来精神了，再将苗放到有半天阳光的地方，同时可以给苗喷一点儿叶面肥，让叶子吸收肥料以助苗长壮(这个时候，苗的根还没长好，所以不要把肥浇到土里，不然会烂根)。10天左右后，如果苗长出新叶子了，就说明新根也长出了，那么就可以将苗移到大种植盆里了。

防止苗徒长

土太湿、光照少、昼夜温差小、盆深土浅、苗种得太挤等，都会引起苗徒长。苗徒长了怎么办？我们用4招搞定。

阳光

让苗多晒太阳，同时一定要记得让盆土保持湿润，要不然小苗很容易就被太阳晒蔫了。此外，要注意盆壁挡住苗的光的情况。如果赶上大晴天，记得在给苗晒太阳前先给盆下的托盘浇好水；如果是连续阴雨天，光照不够，可以用补光灯每天给苗补光8～10小时。

间距

让苗与苗之间的距离在5厘米以上，这样每一株苗都可以晒到太阳，不会因为争抢阳光而长成“长颈鹿”。

确保苗与苗的间距超过5厘米

湿度

在阳光不好的日子，要控制浇水，定时通风，控制盆土湿度，保持盆土呈半干状态。

温差

昼夜温差保持在8～10℃。白天温度高、有阳光，可以让苗愉快地进行光合作用；晚上温度低，可以让苗安逸地休息，少消耗能量，把能量用于“长身体”。

这4招既可以避免苗徒长，又可以让已经徒长的苗状态好起来。定植的时候，可以把徒长苗的“长脖子”种一部分到土里，这也算是一种补救措施。

第6节

其他繁育方式

扦插

扦插是利用植物的茎、叶进行繁育的方式。扦插的植物，繁殖速度一般会比播种育苗快得多，而且扦插的植物能够保存“妈妈”的所有特性，不会变异。气温合适的话，很多菜在扦插后只要过20天就能收获（而播种的话起码要35天以上）。

可以扦插育苗的蔬菜

叶菜类：空心菜、叶用番薯、木耳菜、苋菜等。

茄科类：大番茄、樱桃番茄、辣椒、茄子等。

甘蓝类：西蓝花、西蓝薹、芥蓝、花椰菜、羽衣甘蓝等。

❶ 以番茄为例，取一个直径为8～10厘米的育苗盆，在盆内放入育苗土（以4份泥炭土、1份珍珠岩配制）并浇湿。

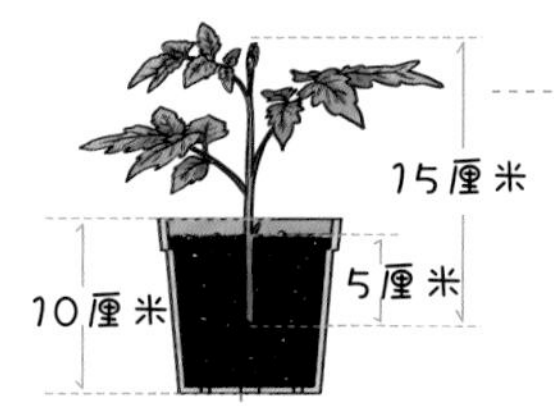

❷ 剪一段15厘米左右的健壮侧枝，留顶部的嫩尖及3片叶子，剪去其余的叶子，将健壮侧枝插入土中，深度约为5厘米。

❸ 将育苗盆放在有散射阳光的地方，保持土壤湿润。如果空气湿度较小，可以在育苗盆上套一个塑料袋。在20～30℃的条件下，扦插的侧枝10～15天就能长出根，20天左右就可以育成苗。

嫁接

嫁接的目的是把品质好的品种移接到长势好、病虫害少的品种上，这样形成的植株就具备了两个品种的优势。一般我们自己嫁接有难度，所以可以在网上购买嫁接苗，如黄瓜、茄子、南瓜的嫁接苗等。

购买的嫁接苗

分株

分株也是非常高效的繁育方式，比播种快很多。黄花菜、香椿、韭菜、芦笋等都可以通过分株的方式快速繁殖。方法是把蔬菜带有芽点的根茎切开，再在切开的地方撒点儿草木灰防止腐烂，然后将切开的根茎分开种植即可。

分株法繁育韭菜

压条

春播的南瓜、丝瓜等瓜类，长了几个月后，根系、茎、叶老化，看上去生命力不强了，这时我们可以用压条的方法，让原来的瓜藤长出新的根来。

以南瓜为例，剪去靠近根茎部的侧枝下部的叶子，过几天等伤口愈合后，把侧枝按到旁边的一个直径为20厘米左右的种植盆的盆土上，上面再盖5厘米左右厚的土，保持土壤湿润。10天左右，压到土里的侧枝就会长出新根。此时再将侧枝从母枝上剪下来，我们就得到了一株新的南瓜大苗。

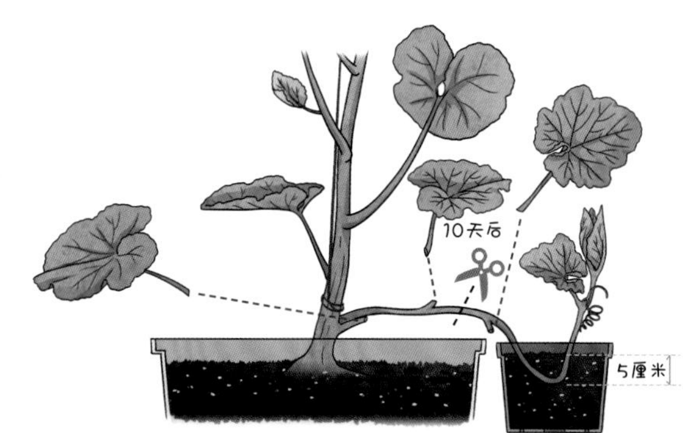

压条法繁育南瓜

第 7 节

日常浇水有讲究

很多种植新手怕浇水。他们之中，一种是怕浇多了植物烂根，所以每次浇水只浇湿了表面的土，没有浇湿中下部的土；另一种是怕浇少了植物干死，所以很勤快地浇水，只要看到表面的土干了，就马上浇水。这两种浇水方式都会让蔬菜的根长不好。土一直太湿的话，土里空气不足，根会窒息；盆中下部的土太干的话，根不喜欢长到没水的土里去，就全部停留在土表层，根系也长得不发达。

平常总是说种花、种菜时，浇水要“见干见湿”，但怎样才能知道盆土已经变干、需要浇水了呢？如何掌握好浇水的分寸呢？我来分享几种直观、简单的方法。

如何判断蔬菜是否需要浇水

根据盆的重量判断

如果种菜的盆不太大，可以用手掂一下盆的重量。盆重比正常情况下轻很多的话，就表明该浇水了。

根据盆土的颜色判断

如果盆土表面发白，比下面土层的颜色浅，用手摸起来也有发干的感觉，就要及时浇水了。盆土为深色时，表明含水量较大，不需要浇水。

根据蔬菜的状态判断

如果蔬菜缺水，整个植株就会看起来缺乏生气，新梢、叶片萎蔫下垂，叶片不像水分充足时那么油亮有光泽。

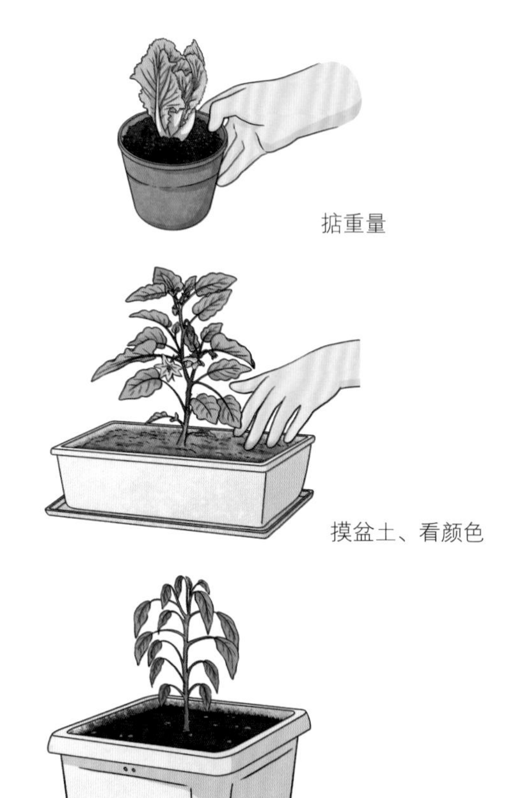
掂重量

摸盆土、看颜色

看叶片

如何给蔬菜浇水

日常浇水时

每次浇水要浇透，浇好水后可以用一根小棒挖一下盆土，观察盆土的干湿情况，要确定中下部的土也均匀湿透了才行。

盆土板结时

如果一浇水，水就从盆底部的孔中快速流出来，那就说明盆土板结了。盆中的土板结在一起时，水是无法浇透的。我们可以用一根细铁丝在盆土里插些小孔，帮助水均匀地渗透到土里。

种植盆底部有孔时

可以在盆下放一个3～5厘米高的托盘，把水浇在托盘里，水会从盆底部的孔慢慢地向上渗到盆里的土中。植物的根系为了找水和肥，会努力向下长，这样根就会长得更发达，菜也会长得更健壮。这样做还有一个好处，就是可以避免因不小心将水浇在蔬果的茎叶上而引起的叶腐病、茎腐病等，也可以避免因浇水太多堵住土的空隙，造成土不透气。

种植盆底部有储水层时

这里以我自己使用的爱丽思种植盆为例（详见第5页）。对于这种侧面有上下两个排水孔的种植盆，在干旱季的时候，我们可以把底下的一个孔堵住，让种植盆的底部形成储水层，进而让蔬菜的根长到储水层里去吸水。

第 8 节

帮蔬菜精准授粉

很多菜友对我说，他们种的蔬菜开花了，可是没有结出果，我的第一反应就是问他们：授粉了吗？

我们在阳台种的蔬菜，很少会有昆虫来帮忙授粉，即使有少量昆虫来帮忙，也实现不了精准授粉，所以还是需要我们亲自上阵做“媒人”。

植物的授粉方式分为两种：自花授粉和异花授粉。

自花授粉

可以自花授粉的花为两性花，即雌雄同花。其中，一类植物在风或昆虫的帮助下，同一朵花内就可以完成授粉。在室内种植，没有风帮忙的情况下，我们可以轻轻地弹弹花朵，完成授粉这个“光荣的使命”。茄科类蔬菜如茄子、番茄、辣椒等都是自花授粉植物。另外，秋葵也是自花授粉植物。

轻弹花朵，帮助授粉

另一类植物更省心，无需外力帮忙，每朵花自己就能完成授粉。这类植物主要为豆类，包括四季豆、豇豆、毛豆、扁豆、豌豆等。

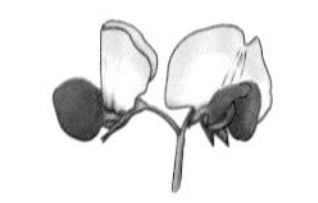
豆类授粉，无需帮忙

异花授粉

雌雄异体的花，必须由雄花给雌花授粉。瓜类蔬菜都是异花授粉植物，如黄瓜、丝瓜、南瓜、苦瓜等。在阳台种植，没有小蜜蜂帮忙的情况下，植物难以成功授粉，这时就需要人工授粉了。我们可以摘下雄花，去掉花瓣后，把雄花雄蕊上的花粉抹到雌花的花柱上，这样就完成了授粉。

将雄花的花粉抹到雌花的花柱上

瓜类的花一般早上开、下午谢，所以授粉要在我们上班前（或上午9点前）完成，要不然等我们下班回家后，花已经谢了，再强行授粉也无效了。也有像葫芦、长瓜、棱丝瓜等瓜类的花是在晚上开的，我们可以在晚上或清晨花谢前完成授粉。完成授粉后的第2～3天，如果挂着小瓜的瓜柄向下弯，就表示授粉成功了，瓜就会一天一天长大了。如果授粉没有成功，瓜柄不会向下弯，瓜也不会长大，瓜宝宝过几天就会变黄并脱落。另外，有些黄瓜是强雌品种，不用授粉就能结瓜，菜友们在购买种子或苗的时候要关注一下商品说明。

第 9 节

有机方法防治病虫害

种菜时一定会遇到蔬菜生病和长虫的情况，我们可以通过绿色、环保的方法来预防，或让蔬菜少生病、少长虫。如果蔬菜真的生病、长虫了，我们也可以通过绿色、环保的方法来处理。

增强蔬菜的抵抗力

在阳台进行有机种植，对付病虫害的重点在防而不在治。如同体质好的人就少生病一样，抵抗力强的蔬菜也会少生病、少长虫。大家查一下资料就会发现，每一种植物都有抗病、抗虫的能力，也会通过分泌特殊物质来抵抗病虫害。如果蔬菜处于良好的生长环境中，就会长得壮，而长得壮的蔬菜分泌的抗病、抗虫物质也多，蔬菜就会少生病、少长虫。反之，蔬菜就容易生病、长虫。

挑选抗病性强的品种

即使是同一种蔬菜，不同的品种也有抗病性强弱的区别。我们在购买种子的时候，可以通过包装上的说明进行比较和挑选。

提供合适的种植环境

只有把蔬菜种植在光照、温度、水分等生长条件都合适的环境中，蔬菜才会长得更加强壮。要做到这一点，就要求我们在种植之前一定要了解蔬菜的习性。

使用优质的种植土

种植土中既要有营养丰富的有机质（如泥炭土、堆肥土），又要有疏松、透气的粗颗粒（如珍珠岩、粗椰糠）。富含养分且疏松、透气的种植土可以让蔬菜的根系健康生长，蔬菜也能长得壮。

及时给蔬菜施肥

根据蔬菜所处的生长阶段及时施肥，让蔬菜在每个生长阶段都能“吃”到该“吃”的养分，这样蔬菜才能够健康生长。

用多种方法增强蔬菜的抵抗力

及时给蔬菜整枝、疏花、疏果

不要让枝叶影响通风与光照。我们可以通过整枝、疏花、疏果，来让蔬菜将营养集中供给到我们想要它生长的部位。

防治蔬菜病害的好方法

将不同科属的蔬菜进行轮种可以防止蔬菜土传病等病害的发生（轮种的具体方法请见下一节）。

对于没有轮种条件的“阳台族”来说，可以使用微生物菌剂，如枯草芽孢杆菌、哈茨木霉菌、淡紫拟青霉菌、厚孢轮枝菌等菌种制成的单一菌种制剂或几种菌种的复合制剂来有效防治蔬菜病害。商品微生物菌剂的品种很多，这里以上面提到的几种常用菌剂为例来分析和讲解。

微生物菌剂的作用

微生物菌剂可以改良土壤，使土壤中的有机质加速分解成容易被根系吸收的物质；抑制蔬菜生长环境中病菌的繁殖力及其对蔬菜的攻击力，预防和减少蔬菜土传病等病害的发生；打破同一盆土连续种植同类蔬菜造成的土壤营养失衡、病害加重等障碍。

适用病害

微生物菌剂可以防治白粉病、根腐病、线虫病、灰霉病、立枯病、角斑病、软腐病等多种病害。

购买方法

以上述菌名为关键词，在各大网购平台搜索即可。

使用方法

方法①：将菌剂拌入育苗土中。

方法②：翻盆种植时，将菌剂与有机肥一起拌入盆土中。

方法③：在蔬菜生长过程中，按商品说明将菌剂加水溶解，然后浇到盆土里或喷到蔬菜茎叶上。

蔬菜白粉病的简单处理法

❶ 如果蔬菜得了白粉病，我们还可以用喷小苏打水的方法来处理。在1升水中加入5克小苏打。

❷ 用小苏打水喷蔬菜叶子的正反面，连续喷3天即可控制白粉病。

防治蔬菜虫害的好方法

物理防虫

每天巡视我们种的蔬菜的时候，要观察蔬菜的根、茎、叶、花、果有没有变化。一旦发现虫子，就要想办法消灭它们。根据虫子喜欢黄色和蓝色的特性，我们可以通过挂黏性极强的黄板、蓝板来粘杀虫子，防止虫子大量繁殖。黄板可诱杀蚜虫、白粉虱、烟粉虱、飞虱、潜叶蝇、黄守瓜、跳甲等，蓝板可诱杀种蝇、蓟马等。我们也可以通过挂黏性极强的果蝇球来诱杀果蝇等各种飞虫。

黄板、蓝板

果蝇球

如果是在露台种植，黏性强的黄板、蓝板及果蝇球一不小心就会粘住壁虎。壁虎是帮我们吃蚊子、苍蝇的“友军”。如果发现壁虎被粘住了，可以将食用油涂抹在粘住壁虎的部位，把它解救出来。

微生物菌剂防虫

使用微生物菌剂是非常好的有机防虫方法。它的原理是利用有益微生物控制有害生物的生长繁殖，同时活化土壤，从而增强植物的抗病虫能力。

可用于防虫的常用微生物一般有苏云金杆菌、白僵菌、绿僵菌、枯草芽孢杆菌、木霉菌等。使用时要注意菌剂的保质期，菌剂稀释配制好后要马上用掉。微生物菌剂的防虫效果不像化学农药那样立竿见影，起效有4～6天滞后期。因此，发现少量害虫时就要喷洒。

常见的防虫用微生物菌剂

类型	主要作用	使用方法
苏云金杆菌	对鳞翅目幼虫（毛虫或青虫）有灭杀作用，但对蚜类、螨类、蚧类害虫无效，对人和宠物安全	处理地下害虫时，可将菌剂按商品说明用水稀释后浇入土壤中，连续浇3天；处理地上害虫时，可将菌剂按商品说明用水稀释后，在傍晚时喷到蔬菜叶子的正反面，连续喷3天
白僵菌	孢子可灭杀大部分地上及地下害虫，功效持续，对人和宠物安全，对蚕有毒	
绿僵菌	可杀灭蚜虫、菜青虫、蓟马、地老虎、跳甲、蝗虫等	

植物制剂杀虫

（1）商品植物制剂

当害虫大量繁殖，以致我们难以控制时，我们可以利用对害虫有杀灭能力的一些植物制剂来控制虫害。印楝素、苦楝油、苦参碱、除虫菊等植物制剂对环境、人、宠物安全，是目前世界公认的广谱、高效、低毒、易降解、无残留的植物制剂，且不容易使植物产生抗药性，对一般害虫，如蚜虫、红蜘蛛、潜叶蝇、粉虱、小青虫等都有驱杀效果。

这些植物制剂在网上可以买到。使用时，只要把植物制剂按商品说明稀释后喷在蔬菜叶子正反面，就可以杀死害虫。像红蜘蛛之类的比较小的害虫容易躲在蔬菜的各个角落，我们要多喷几次才能把它们杀绝。

（2）自制植物制剂

油茶籽渣或粉，俗称茶枯，就是油茶籽榨油后的残留物，也可以作为一种用来杀虫的植物制剂。油茶籽里有一种天然茶皂素，具有杀菌、杀虫的作用。将油茶籽粉直接撒在土面上，可以杀蜗牛、蛞蝓。另外，也可以将油茶籽渣或粉制成溶液使用。

制作溶液时，仅需将1份油茶籽渣或粉与50份白开水（重量份数）混合，浸泡8～12小时，过滤后再沉淀，取清液使用。

使用时，将清液喷在蔬菜叶子正反面，可以杀死各类小害虫，特别是小青虫等软体虫；将清液浇入盆土，可以杀死地老虎、金针虫等地下害虫。另外要提醒大家的是，这种植物制剂也会杀死蚯蚓。

病虫害都能防的辣椒无患子酵素

很多菜友喜欢自制的果皮酵素的确是个好东西，果皮酵素富含有助于活化土壤、增强植物抗病能力的微生物。经多年的摸索，我研制了一款防虫、防病效果都非常好的酵素，就是辣椒无患子酵素。

原理分析

辣椒的辣味是很多虫子不喜欢的，当辣度达到一定程度的时候，虫子就受不了了。而无患子果皮含有皂素，这种成分可以封住虫子身体上的呼吸孔，并将虫子粘在叶子上，使虫子行动困难，从而起到杀虫的作用。此外，酵素里数以亿计的有益微生物可以杀死植株上及土中的病菌，并活化土壤，让蔬菜更健壮。

防治作用

辣椒无患子酵素可以防治红蜘蛛、蚜虫、白粉虱、烟粉虱、飞虱、潜叶蝇、小黑飞等小型害虫，也可以防控白粉病、黑斑病等病菌病，以及茎腐病、白绢病、线虫病等土传病。在发现少量虫子和病菌的时候使用，起效迅速；但在大面积暴发病虫害的时候使用，起效就没有那么迅速了。

辣椒无患子酵素的制作与使用

（1）制作方法

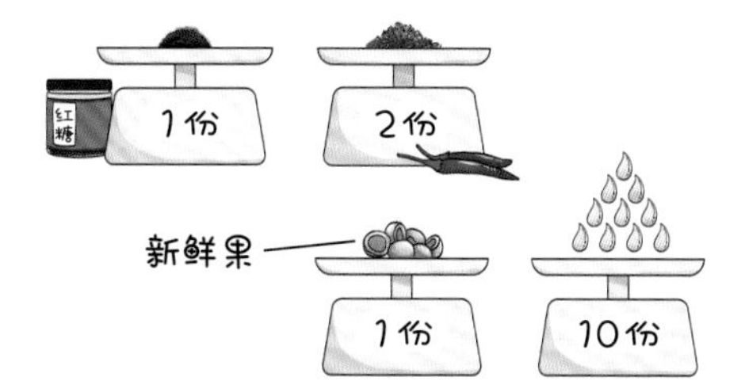

❶ 准备红糖1份，辣椒（越辣越好，切碎）2份，无患子新鲜果1份或干果半份，水10份。以上份数指重量份数。

❷ 将材料都放入酵素桶或饮料空瓶中，虚盖盖子（不要拧紧，以防胀气爆瓶），在室温下放置3个月。发酵完成后，滤出酵素液。长时间放置的酵素不会过期，效果更好。

（2）使用方法

滤出的酵素液需加水稀释后使用。从苗期到收获期都可以使用酵素液，且既可以直接喷在蔬菜上，又可以浇入盆土中。具体方法如下：

❶ 喷蔬菜：将1份酵素液加200份水稀释，在傍晚时将酵素液喷在蔬菜的叶子正反面、根茎以及盆土的表面，每周喷3次。注意避开正在开的花朵，以免因弄湿花粉而影响结果。

❷ 浇盆土：将1份酵素液加50份水稀释，浇入盆土即可。如果是浇在种有小苗的盆土中，则要1份酵素液加100份水稀释。

以上份数指重量份数。

1. 小黑飞

小黑飞

到了初夏，经常会有一些黑色的小飞虫在菜盆边飞来飞去，虽然它们不吃菜，但看着非常讨厌。这种小飞虫就是我们平常说的“小黑飞”，大名叫尖眼蕈蚊。

小黑飞的繁殖速度非常快，并且它们特别喜欢潮湿的环境。在气温为22～31℃的时候，它们会在土壤里产白色的虫卵。根据小黑飞的特性，我们有3种方法搞定它们：

①杀死成虫：对付室外的小黑飞，可以在网上购买黄板并悬挂在蔬菜周围。小黑飞超喜欢黄色，会被吸引过来，粘附在黄板上。对付室内的小黑飞，只要关上窗，点上蚊香，几小时就全摆平了。

②搞定土壤里的幼虫和虫卵：先在盆土表面喷辣椒无患子酵素，再在土面上撒一层3厘米左右厚的干燥土或细沙，保持土壤干燥一天，就能搞定土壤里面的幼虫和虫卵。

③消除小黑飞的生存环境：在种植蔬菜时，不要使用未完全发酵的营养土，也不要在盆土表面直接用未经发酵腐熟的“生肥”，如咖啡渣、茶渣、豆渣、果皮、菜叶等，这些东西都是小黑飞的心头好。使用有机肥时，要把有机肥埋到土表下；如果在盆土表面浇过液体有机肥，就扒拉一下土，用土将有机肥盖上。

2. 红蜘蛛

红蜘蛛

红蜘蛛真是种植人的心头恨，好像只有少数几种植物不长红蜘蛛。对付红蜘蛛，除了可以用前面讲的微生物菌剂及植物制剂外，我们还可以用下面的“民间大法”：

①喷牛奶水：以1∶100的比例（体积比）稀释牛奶后喷蔬菜叶子。原理是利用牛奶的黏性让红蜘蛛因不能正常呼吸而闷死，或者因不能活动而饿死。连续喷1周左右可以控制红蜘蛛数量。

②喷洗洁精水：以1∶300的比例（体积比）稀释洗洁精后喷蔬菜叶子。原理同牛奶，也要连续喷1周，效果比喷牛奶水好，但缺点是掌握不好量的话会污染盆土，蔬菜叶子上也会出现密集小斑点。

3. 蜗牛和蛞蝓

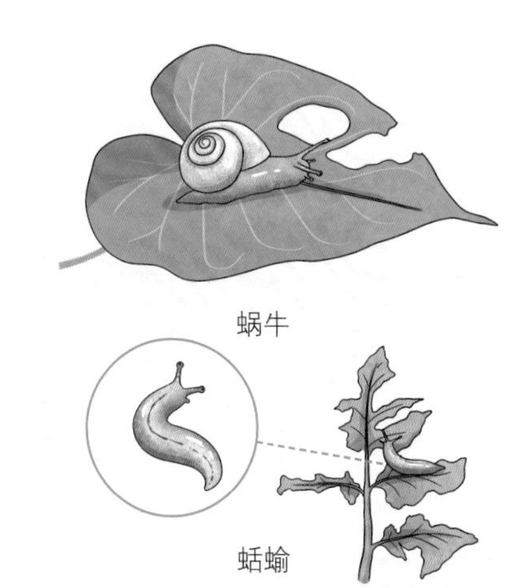
蜗牛

蛞蝓

在雨季，阳台上经常会有蜗牛，它的两个触角伸在壳外，看上去还算可爱。另外，还会经常见到一种黏糊糊的虫子，看上去像没穿衣服的蜗牛，它叫蛞蝓，又叫鼻涕虫。

这两种小东西很坏，总是在天黑后出来偷吃菜苗、花苗，还在爬过的地方留下银闪闪的痕迹；白天，它们又会躲到盆底或土的缝隙里，非常隐蔽。清除它们除了可以用前面讲的白僵菌等微生物菌剂及植物制剂外，还有下面几种方法：

①魔手大法：天黑后，打个手电筒在盆土湿润的地方寻找，会发现它们爬在盆壁上或蔬菜茎叶上。我们可以用筷子把它们夹起来放到空瓶里，拧上盖子，然后将瓶子丢掉。不想抓蛞蝓的话，也可以在它身上放一撮草木灰或生石灰粉，过一会儿它就会脱水而死。这样连续抓几天，蜗牛和蛞蝓就会很少了。

春天翻土的时候，如果发现一团团白色、半透明、像青菜籽一样大小、由圆粒组成的东西，一定要清理掉，那是蜗牛或蛞蝓的卵。

②啤酒引诱法：晚上在蜗牛或蛞蝓出没的地方放一个装满啤酒的盆子，第二天就会看到蜗牛和喝得胖乎乎的蛞蝓。把它们夹起来，放到瓶子里丢掉就可以。

③灰粉法：在植物边上撒草木灰或生石灰粉，蜗牛或蛞蝓爬过后会因粘上草木灰或生石灰粉而脱水死掉。

4. 菜青虫

露台或其他开放式阳台上经常有蝴蝶在蔬菜上翩翩起舞，看着很浪漫，可它们其实是在干坏事——产卵！蝴蝶在每年春天和秋天喜欢飞到十字花科蔬菜上产卵，然后卵会孵化出小青虫，小青虫就会疯狂啃食菜叶，几天就能把菜叶啃出蕾丝花边。要对付这种小青虫，有几种“民间方法”：

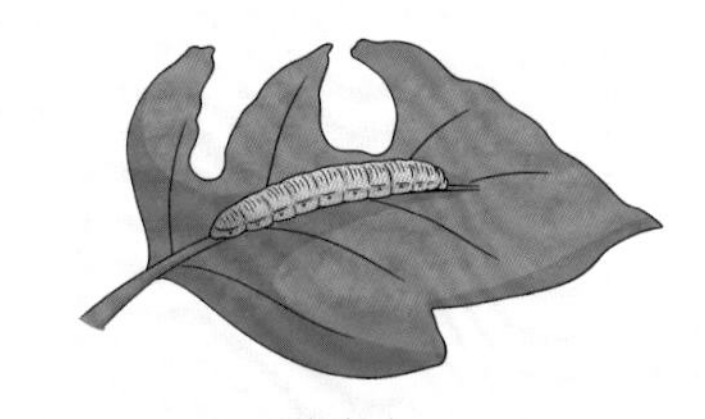
菜青虫

①草木灰法：在潮湿的蔬菜叶子上撒草木灰，小青虫吃了带草木灰的叶子就会死掉。

②蒜辣水法：把5个小米辣、1头蒜、1升水放入搅拌机里打碎，滤出蒜辣水。用这种蒜辣水喷蔬菜叶子，也能杀死小青虫。

第10节

好处多多的轮种法

轮种的好处

轮种是指同一盆土前后两季种植不同科蔬菜，或相邻两年种植不同科蔬菜的方式。一个盆里的土如果一直种同一种蔬菜，蔬菜就比较容易生病。采用轮种的办法，可以较好地避免因长期种同一种蔬菜而引起的病害。

如果家里种植空间小，做不到轮种，那也可以用在盆土中拌入微生物菌剂的方法来杀灭土中的病菌，以活化土壤，防止蔬菜得病害。具体方法见上一节相关内容。

轮种能实现一盆土的充分利用，还能防止蔬菜得病

轮种的原则

选择不同科的蔬菜进行轮种

轮种要选择不同科的蔬菜，如收获十字花科蔬菜后，可以轮种茄科蔬菜或瓜类蔬菜。同一个科的蔬菜不能轮种，如番茄、茄子、辣椒等，它们都属于茄科蔬菜，不能轮种。

根据蔬菜的需肥情况进行轮种

需氮较多的叶类蔬菜与需磷、钾较多的茄科蔬菜或瓜类蔬菜轮种，可以充分利用土中的营养物质。豆类蔬菜可增加土壤含氮量，收获后种叶菜，叶菜就会长得特别好。

根据蔬菜生长期的长短进行轮种

将生长期长的蔬菜与生长期短的蔬菜进行轮种，可以较好地利用种植空间。如种植小青菜，50天左右就可以收获，收获后可以种辣椒等生长期在半年以上的蔬菜。

了解蔬菜所属的科

要知道哪些蔬菜属于同一科，哪些蔬菜属于不同科，才能判断能不能轮种。下表列举了一些常见蔬菜及其所属的科：

常见蔬菜及其所属的科

科	蔬菜
石蒜科	大蒜、韭菜、洋葱、大葱、小葱
十字花科	萝卜、芥蓝、结球甘蓝、抱子甘蓝、羽衣甘蓝、花椰菜、西蓝薹、菜薹、荠菜
豆科	菜豆、豌豆、蚕豆、豇豆、毛豆、扁豆、刀豆、苜蓿
伞形科	芹菜、香菜、胡萝卜、小茴香
茄科	马铃薯、茄子、番茄、辣椒
葫芦科	黄瓜、南瓜、西葫芦、西瓜、冬瓜、葫芦、丝瓜、苦瓜、佛手瓜、蛇瓜
菊科	皱叶生菜、结球生菜、莴苣、油麦菜、茼蒿、菊苣、牛蒡、朝鲜蓟
锦葵科	秋葵、冬葵
苋科	甜菜、菠菜

第3章 个个饱满的小果实

茄科蔬菜是最能种出成就感的蔬菜，它们的品种非常多，像番茄就有上百个品种，颜色也有红的、黄的、紫的、绿的、黑的、白的，大家可以挑选自己喜欢的品种来种植。茄科蔬菜的果实颜值很高，种在阳台上的茄科蔬菜，既可当蔬菜，又可当盆景。茄科蔬菜的产量也很高，像茄子、番茄、辣椒，只要种几株，就够小家庭吃了。

番茄

颜值在线，病虫害少

番茄是菜友们都很喜欢种的蔬菜，相对其他蔬菜来说，它病虫害少，容易种植。从出苗、开花、结果，到果实转色变红，一串串挂在“树”上，它的颜值一直在线。可以说，番茄是最能让人种出成就感的蔬菜之一了。

温度：番茄怕冷又怕热，适合生长的气温是18～28℃。在低于15℃或高于32℃时，会落花落果；在初春或初冬低于10℃时，基本停止生长；在夏天高于35℃时，进入半休眠状态，还会出现黄叶、病叶，植株样子也会变丑。

光照：番茄喜欢阳光，要种在有半天以上光照（全天光照则更爱）、通风好的地方，光照少于4小时，就容易发生落花、落果。

品种选择

番茄的品种多达上百种，我们在阳台种植番茄要挑选产量高，抗病性、抗虫性好，早熟的品种。我根据多年在阳台种植的经验，结合网评高分品种，理出以下比较适合阳台种植、产量高、口感好的品种：

矮生樱桃番茄

株高在30厘米左右，适合在室内窗台种植，品种有微型汤姆（较耐阴，口感一般，当盆景不错）、红鸟、粉鸟（口感较好，株型小，产量也不错）等。

颜色独特的“深夜零食”

大、中株型樱桃番茄

株高可达2～3米，甚至更高，很多品种是无限生长型。金皇后（黄色果）、釜山88（红色果）这两种樱桃番茄皮薄、汁多、味鲜甜、产量高，还有一个品种叫作深夜零食，颜值很高，果实是独特的紫红色，但甜度比前面两种低一些。

口感软糯的“马蹄”

大番茄

常见品种有马蹄番茄（传统品种，红色果，果大、汁多、肉厚、番茄味浓、口感软糯）、粉丽人（果型圆润、颜值高、口感沙粉、汁水多、产量高）。

不同地区的菜友，可以选择种植当地好的原产地品种，原产地品种更加适应当地的气候。

种植时间

南方地区可以在春、秋两季种植，北方地区一般只能在春季种植。为了延长收获期，春播时一般于春节后在室内阳台育苗，等室外的气温适合番茄生长了，再移种到室外。

种植容器

足够大的种植盆可以让番茄的根系有足够的伸展空间，这样植株进入旺盛生长期后也不容易缺水。种植矮生樱桃番茄，应选择直径不小于20厘米、高度不小于20厘米的种植盆；种植大、中株型樱桃番茄或大番茄，则要选择直径不小于30厘米、高度不小于28厘米的种植盆。

育苗繁殖

番茄的育苗、移苗方法见第2章第5节“从播种开始”。

番茄为自花授粉植物，如果在室内阳台种植，没有风帮忙的情况下，番茄开花后我们要轻轻弹弹花枝，让花完成授粉。

水肥管理

见第1章第5节“用对肥料养好菜”。

防病、防虫、防鸟

防病

番茄会得病毒病、脐腐病等病害，但足够健壮的植株有能力抵抗这些病害，具体防治方法见第2章第9节“有机方法防治病虫害”。

用果蝇球防治果蝇

防虫

番茄枝叶有特殊的气味，所以虫害较少，但空气干燥、不通风的话，番茄会长红蜘蛛。有时，果蝇会在番茄上面打洞产卵，使长到半大的番茄烂果。打开烂果，会发现里面有一窝蠕动的白色小虫。通常，我们可以用果蝇球来防治果蝇。

防鸟

小鸟会比人更早发现番茄可以吃了，等我们发现番茄转红的时候，小鸟可能已经捷足先登了。所以在番茄结下果后，我们就要做好防护：用23厘米 ×28厘米或相仿大小的白色透明纱袋把整串番茄都套进去，防止小鸟来偷食番茄。

用白色透明纱袋将番茄套好

整枝

一段时间后，番茄长到“初中生阶段”了，开始有花苞，侧枝也长出来了，这个时候就要进行整枝了。盆栽植物空间有限，想要让植株更好地生长，就要帮助植株在前期长壮身体、长好个子，这样后面才能结更多的果。整枝一定不能在雨天进行，整枝后也不能在植株上喷水，否则植株伤口很容易被病菌感染。

单杆整枝

在阳台种植，空间有限，较多采用单杆整枝的方法——就是只保留番茄的主枝，去掉所有的侧芽及已经长出来的侧枝，让主枝一直往上长。这是因为阳台的横向空间有限，所以我们要充分利用高处的空间，以达到在有限空间内高产的目的。想要稳定番茄植株，可以将一根直径为1.5厘米的竹竿（或包塑杆）插入种植盆中，把番茄茎部绑在竹竿（或包塑

杆）上，一直让番茄长到2米左右高再打顶。

疏花疏果

如果番茄苗不是很壮的话，我们一般会去掉第一序花苞，不让它们开花结果，从而让番茄植株更好地长个子，等第二序花苞长出来，再让它们开花结果。

我们可以根据种植盆的大小及植株的大小，确定保留的番茄串数。一般直径35厘米、高30厘米的种植盆种1株番茄，1株挂6～7串果实，大番茄每串留3～4个果实，樱桃番茄根据品种每串留15～25个果实。要把一串果实中的僵果及最靠后的果剪去，把营养供给留下来的果实，然后肥、水、光跟上，才可以确保每个果实都均匀长大且汁水充盈。这样的话，1株大番茄总共可结20～25个果实，1株樱桃番茄可以结约100个果实。种植盆小的话，相应留果数量要减少。

修剪叶子

植株下部的黄叶、病叶，以及晒不到太阳、通风不好的叶子要及时剪掉，这是为了不让老叶、弱叶无谓消耗营养。尽量保留健康的叶子，要保证有足够的叶子进行光合作用。

收获

果实转色后，番茄摸上去变软的时候就可以采摘了。另外，在采摘番茄的前一两天进行控水，可以增强番茄的风味，使其口感更好。

如何让番茄变得更甜?

能让番茄甜度变高的因素，一是阳光充足，二是昼夜温差大，三是供给的养分齐全且充足。根据这3个因素，我们首先要把番茄种在阳台上太阳晒得最多的地方，让番茄能够晒到太阳的时间越长越好。其次，在室内阳台种植的话，晚上开窗可以增大昼夜温差。最后，我们要多用有机肥来保证番茄营养齐全，特别是使用富含钾的草木灰，因为充足的钾元素可以让番茄变甜。待番茄进入转色期后，就可以在表层土里拌入草木灰了。浇水时，水流可以把草木灰的养分带到根部。

1. 有很多黄叶怎么办？

出现黄叶的原因有很多，一些比较常见的非生病引起黄叶的原因主要如下，请菜友们对照一下，只要纠正过来了，黄叶的情况就会变好。

①底部的叶子黄了：正常的新陈代谢，把底部黄叶摘了就可以。

②新叶子黄了：可能是缺肥了，要施羊粪肥或饼肥等有机肥；也可能是降温时被冻了，气温高起来情况会变好，但气温继续降低的话要想办法保护。

③整株都黄了：有可能是缺肥引起的，要施羊粪肥、饼肥或商品有机肥。也可能是浇水的时候只浇湿了表面的土，盆底的土没有被浇湿，导致缺水。浇水后，要用一根棍子扒一下土，看看下面的土有没有被浇湿；或在盆底垫托盘，浇水至托盘中的水不再回吸为止。如果叶子黄了而且不精神，一般是浇水太多，烂根了，那么要控制浇水频率，确定土表下3厘米位置的土干了，再浇水。

④内部叶子发黄：可能是通风不好，光照不好，要摘除内部叶子，加强通风和光照。

⑤叶脉黄了，叶子卷皱，叶边发枯：可能是肥害，应降低施肥浓度。如果已经施了肥，菜还没有发萎，说明根还没有被烧坏，那么可以用大量冲水的方法把肥稀释掉。

2. 新叶有很多卷叶、皱叶怎么办？

番茄、辣椒等茄科蔬菜长新叶时会出现卷叶、皱叶，并且伴有落花的现象，这说明植物可能是得了病毒病。病毒病没有特别有效的有机治疗方法，我们只能通过在种植过程中做好每一步来预防。日常中，我们也可以用自己做的厨余酵素肥，加入200～300倍的水稀释后浇土、喷叶子，这对提高植物的抗病能力很有效。厨余酵素肥的制作方法见第1章第5节“用对肥料养好菜”。

3. 得了脐腐病，果实烂掉了怎么办？

番茄等茄科蔬菜缺钙的话会得脐腐病，在底肥里埋入足量的骨粉可以预防茄科蔬菜得脐腐病。如果茄科蔬菜得脐腐病了，急救的办法就是补钙。第一种方法是使用植物液体钙。阳台少量种植的话，买10～20毫升的小包装就够用，按商品说明稀释后喷叶子、浇盆土，见效极快（重点说明，这种是化肥，只能用于救急）。第二种方法是使用酸奶，起效相对慢一些。将酸奶加入100倍的水稀释后，浇在种植盆里（如果怕生小黑飞的话，就用小铲子扒拉一下表土，用表土把酸奶渣盖住）。酸奶富含钙质，且用水稀释后不会引起蔬菜烂根。第三种方法是使用钙片。如果家里正好有钙片的话，用1～2片钙片磨粉，以1∶50的比例（重量比）兑水后浇到土里，见效也比较快。第四种方法就是使用蛋壳醋钙肥，具体方法见第1章第5节“用对肥料养好菜”。

4. 总是落花，结不下果怎么办？

菜友们常提到，种的番茄、辣椒或茄子总是落花，结不出果。了解了落花落果的原因，就能知道解决的办法。气温太低（低于18℃）或气温太高（高于32℃）会引起落花落果，所以顺应气候播种很重要；连续阴雨少阳光或晒太阳的时间少于4小时会引起落花落果，所以要把蔬菜放在阳光好的地方；室内种植的番茄没有授粉的话会落花，所以需要人工授粉；偏施氮肥，少用磷、钾肥，番茄就会只长个儿不开花或落花落果，所以要记得在番茄有花苞后就追施含磷、钾量高的肥，如草木灰。

5. 要收获的果实裂开了怎么办？

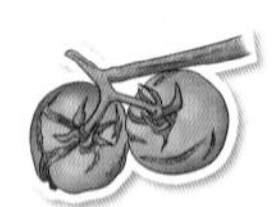

好多菜友说：好不容易等到果实转色可以收获了，它却裂开了，真叫人心疼呀！番茄裂果最主要的原因是土壤忽干忽湿。如果大晴天时盆土非常干，干到枝叶耷拉下来，这时再突然下大雨，或者我们马上使劲浇水让盆土变得非常湿，那么干透了的植株就会拼命吸水，果实也会迅速膨胀变大，而果皮跟不上果肉长大的速度，果实就撑爆开了。想要避免裂果，我们就要尽量让盆土始终保持湿润的状态。

裂果的另外一种原因是，盆土潮湿的情况下果实直接暴晒在阳光下了。想要避免这一点，我们在整枝的时候就要避免整过了头。给果实上面留几片叶子适当遮阳，果实就不会在太阳大、盆土湿的情况下裂开了。

6. 如何给好吃的品种留种？

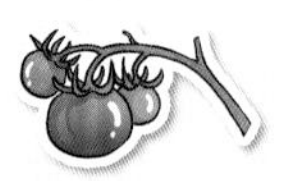

市场上卖的茄科蔬菜，如各种品种的番茄、辣椒、茄子等，绝大部分是杂交品种。杂交品种可留种，但和“传家宝”品种的区别是：“传家宝”品种的种子种出来长得和“妈妈”一模一样，而杂交品种的种子种出来就不一定像“妈妈”了，有可能像“爸爸”，也有可能只像“爸爸妈妈”的一部分。反正有点儿像开盲盒，因为你不知道长出来会是啥样，所以你要有心理准备。

留种的方法超简单。把成熟的果实剖开，取出里面黄色的一粒粒的种子（一定要选掐上去硬硬的种子，这样的才是成熟的种子），放纸巾上摩擦摩擦，去掉黏液，清洗，晒干，完成！第二年你就可以播种，然后等着开盲盒啦！

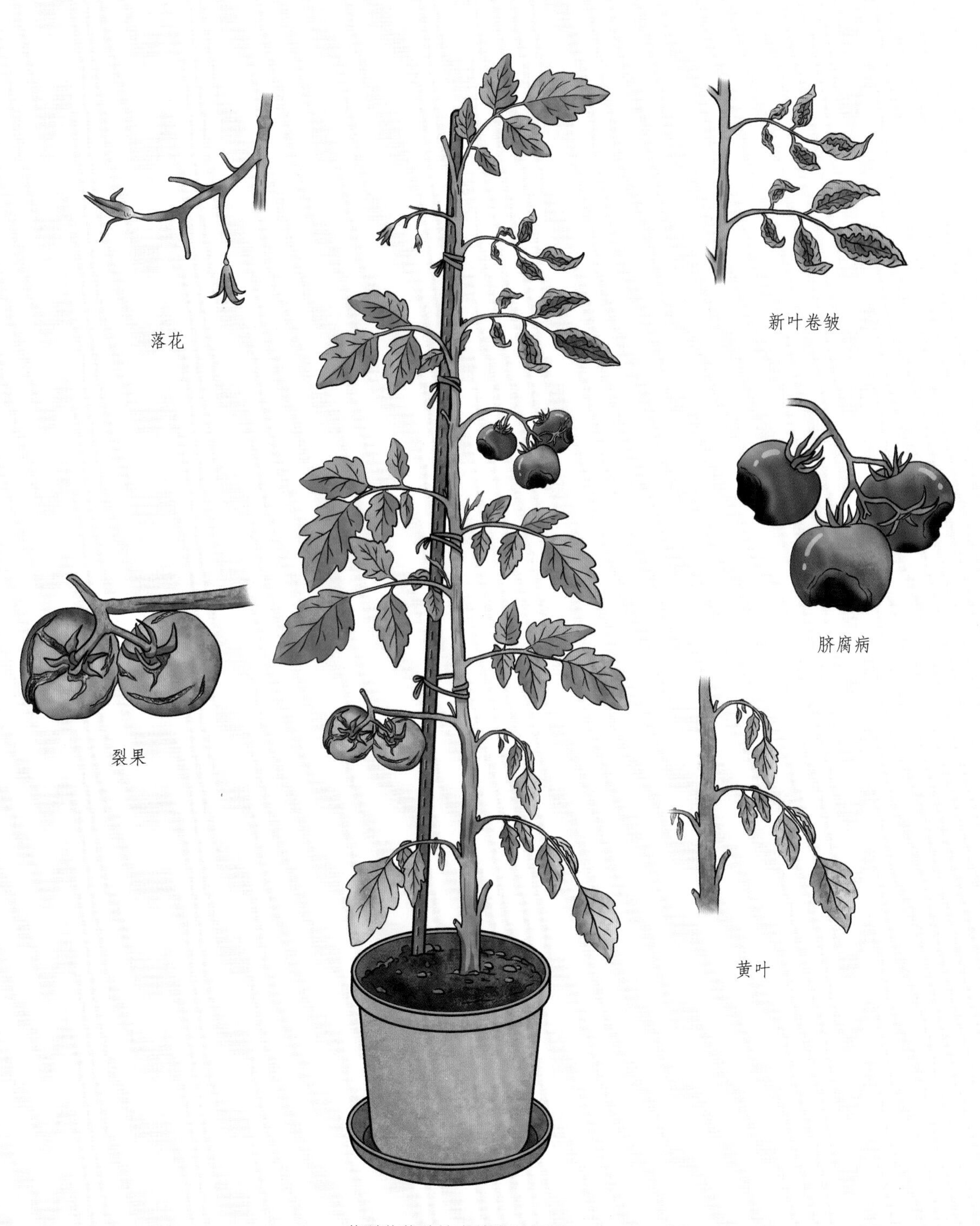

茄科蔬菜种植中的常见问题

茄子

可赏可尝，人见人爱

茄子是一种好看、好吃又高产的蔬果。茄子品种很多，按形状分有长茄、圆茄，按颜色分有青茄、白茄、紫茄、花茄。茄子的叶子很美，淡紫色的花也很可爱，植株结了果就更可爱了，甚至可以当盆景欣赏呢。茄子很高产，在旺盛生长期一株可以同时结七八个果，种得好的话，三四株就够一家人吃了。

温度：茄子喜温，不耐寒冷，但耐热性较强。生长适宜温度为22～30℃，气温低于10℃就停止生长。进入开花结果期后，在气温高于32℃或低于20℃时，可能会落花落果，或者结出丑茄子。

光照：茄子喜欢阳光。光照强时，生长迅速，果实产量高、颜值高、口感好；光照弱时，花少，果实产量低、颜色浅、口感差。

水分：茄子枝叶繁茂，产量高，需水量大。特别是在开花结果期，如果盆土经常干到令叶子不精神，就会影响开花结果。即使结了果，果实也比较小，果面粗糙、没有光泽，吃起来皮很厚。所以在开花结果期要保持盆土湿润。在结果盛期，晴天或空气湿度小时要早晚浇水，雨季时要注意盆土排水。

品种选择

在阳台种植茄子要挑选产量高，抗性好，不容易生病、生虫的早熟品种，也可按所在地区挑选当地种植较多的品种。适合江南地区种植的杭茄，产量高，口感软糯；白茄、青茄及花茄颜色特别，口感也不错，既能当蔬果，又能当盆景。

颜色特别的白茄

种植时间

南方地区在春、秋两季种植茄子，北方地区一般只能在春季种植。为了延长收获期，春播一般于春节后在室内阳台进行，等室外的气温适合茄子生长了，再移种到室外。

胖胖的花茄

种植容器

茄子到了旺盛生长期，植株的高度会长到60～80厘米，冠幅直径也有这么大。所以要选择直径不小于30厘米、高度不小于28厘米的种植盆，再大一些更好。

育苗繁殖

春季育苗应先估算当地最低气温稳定在12℃以上的日期，然后倒推约50天作为起始时间。秋季育苗则估算当地最高气温稳定在32℃以下的日期，再倒推约45天。播种育苗的具体方法见第2章第5节“从播种开始”。

茄子是自花授粉植物。在室外的话，风吹动就可以让茄子完成自花授粉；在室内阳台种植，没有风的情况下，我们可以轻轻弹一下花柄，振动花朵，帮助茄子完成授粉。

茄子育苗

水肥管理

具体方法见第1章第5节“用对肥料养好菜”。

防病、防虫、防落果

茄子比较爱长红蜘蛛和茶黄螨，另外茄子缺钙时也容易得脐腐病。防治方法请见第2章第9节“有机方法防治病虫害”。茄子也会落花落果，防控方法请见本章“茄科蔬菜·种植心得”。

整枝

正常整枝

茄子也有好多无限生长型品种。在阳台盆栽茄子，供枝叶伸展的空间有限，为了让茄子更好地生长，要对它进行整枝。茄子在前期长好、长壮，在后期才会株型美、结果多。

三杈整枝法

给茄子整枝，可以用三杈整枝法。将第一个分杈下面的小侧枝都去掉，以保证营养供给到上面的枝叶；把靠近土面的2～3片老叶去掉，不让老叶无谓消耗营养，同时防止下雨时雨水溅起土里的病菌导致茄子苗生黑斑病、灰霉病等。

整枝时，一般保留最强壮的3个分枝让它们长大，每个分枝上可以再保留2个小分枝，其余长得细弱、影响通风或照不到阳光的侧枝、老叶、黄叶都可以去掉。这样营养集中供给强壮枝，结出来的茄子就长得油亮，果型也漂亮。另外，如果在露台种植茄子，一定不能在雨天进行整枝。

盛夏强剪整枝

高温季强剪整枝

每天最高气温都超过35 ℃时，茄子也过了盛果期，生长状况变差，茎叶也会出现黄叶、黑斑等。高温时，茄子也很容易落花落果，就算结出了果，果也又丑又小，口感不好。这个时候，我们可以通过强剪，让茄子复壮重生。强剪，即强力修剪，是一种将植株大部分枝叶剪除以促进新枝生长的修剪方法。

强剪时，只需留下茎下部2～3个壮枝杈，以及每个枝杈的2～3个侧芽，将茎上部所有的枝叶全部剪去即可。

强剪后要施含氮量高的有机肥，

如羊粪肥、饼肥，这样可以让强剪后的植株迅速长出强壮的新枝。施肥的方法是在盆边一周挖2～3厘米深的小沟，把肥放到沟里，上面再盖2～3厘米厚的土。过10天左右，如果新枝有花了，就把花摘掉，不要让它开花，让它先长个子；对于新枝上的侧芽，也只保留2～3个让它们长大，其余的都去掉。到8月中下旬，晚上的气温开始低下来，茄子的花苞也多起来了，这个时候，给植株施一把富含钾元素的草木灰，再盖点儿薄土，没几天植株就会开花了。每周再给植株浇些有机液肥，植株就会结出很多高颜值的果子了。上述方法主要适用于在秋天也可以种植茄科蔬菜的南方地区。

交界处白色消失代表茄子成熟了

收获

茄子花谢后，下面的小茄子就会慢慢长大。以紫茄为例，当茄子柄与茄身交界处的白色消失了，茄子就必须摘了，否则口感会变老。如果是青茄或白茄，手捏果身感觉有弹性的时候就可以摘了。

如何种出匀称、鲜亮、口感好的茄子？

确保茄子品质高的几个因素：一是阳光充足，二是供给的养分齐全、充足，三是盆土湿润。首先是要把茄子种在阳台上能晒到相对多阳光的地方，最好能晒到半天以上阳光。同时在整个生长阶段，多用有机肥保证茄子营养齐全。富含钾元素的草木灰可以让茄子长得更大、更匀称，颜色更鲜亮，口感更好。另外在开花结果期，务必保持土壤湿润，不能让它干到令茎叶耷拉下来。茎叶干到耷拉下来的情况只要有一次，挂着的茄子就会失去光泽，皮变厚，口感变差。夏天时为保持土壤湿润，可以在种植盆下放一个5厘米左右高的托盘，早上在托盘里储上水，供茄子一整天吸收水分。

辣椒

品种超多，产量超高

对于爱吃辣的朋友来说，菜里放了辣椒就等于有了“灵魂”。在家里种两三株辣椒，做菜的时候，顺手在阳台上摘一把辣椒放进菜里，会有一种幸福感 。而且辣椒真的是“光荣妈妈”，结果能力超强，从春到秋，一批批地结果。辣椒是最能种出成就感的蔬果之一。

温度：辣椒在气温为15～34 ℃的范围内都能生长，但它喜欢的白天温度是18～28℃，日夜温差是6～10℃。在合适的气温下，辣椒产量很高，并且结的果颜值也高。当气温高于35℃时，辣椒就会出现落花落果的现象，就算结了果，果也又小又丑。

光照：辣椒喜欢阳光，但比茄子和番茄对光的要求低。

土壤：辣椒喜欢微酸性土壤。

品种选择

成熟的线椒

辣椒的品种很多。不爱吃辣的朋友可以种灯笼椒，灯笼椒刚结出的果实是绿的，慢慢长大成熟后，因品种不同，果实会变成黄色或红色的，像灯笼一样挂在植株上，真的很喜人。爱吃辣的朋友可以种线椒、小米辣，能吃微辣的可以种杭椒。同样地，在阳台上种植辣椒，为了有更长的收获期，建议种早熟品种，菜友们买种子的时候要留心一下种子袋上的说明。

种植时间

南方地区在春、秋两季种植辣椒，北方地区一般只能在春季种植。为了延长收获期，春播一般于春节后在室内阳台进行，等室外的气温适合辣椒生长了，再移种到室外。从春末至秋天，可分批收获辣椒。

种植容器

种植盆应选直径不小于30厘米、高度不小于25厘米的，再大一些更好，那样可以让辣椒的根系有更多的伸展空间。如果不加修剪，辣椒植株会长成高度在80厘米以上、根茎比大拇指还粗的“小树”。像杭椒、小米椒等小型辣椒，一株就可以同时结上百个果实。

辣椒开出了小白花

育苗繁殖

春季育苗应先估算当地最低气温稳定在12℃以上的日期，然后倒推约50天作为起始时间。秋季育苗则估算当地最高气温稳定在32℃以下的日期，再倒推约45天。播种育苗的具体方法见第2章第5节“从播种开始”。

辣椒也是自花授粉植物。在室外的话，风吹动就可以让辣椒完成自花授粉；在室内阳台种植，没有风的情况下，我们可以轻轻弹一下花柄，振动花朵，帮助辣椒完成授粉。

水肥管理

给辣椒施肥的具体方法见第1章第5节“用对肥料养好菜”。

防病、防虫

防病

辣椒会因缺钙患脐腐病，急救的办法就是补钙。补钙的方法见第2章第9节“有机方法防治病虫害”。

防虫

在阳台上种植辣椒，虫害比较少。但如果在辣椒苗期和生长前期通风不好，或者辣椒自身长势弱的话，就会有蚜虫。蚜虫刚开始出现时，我们只需戴一次性手套把蚜虫掐死就好；如果发现迟了，蚜虫已经大面积出现了，我们可以用商品植物制剂，如苦参碱或苦楝油，按商品说明稀释后喷杀蚜虫。

整枝

移苗20天到1个月后，辣椒开始分杈，长出侧枝，并开始有花苞。这个时候要进行整枝。我们要把第一朵花下面的侧枝剪掉，把靠近土表的老叶子摘掉（防止下雨时泥水溅到叶子上传播病菌，同时也防止老叶子消耗能量）。尽量保留健康的叶子，保证有足够的叶子进行光合作用。后续每次看到叶子黄了、病了、老了，就要摘掉。

一段时间后，辣椒会长得像小树一样。为了稳定“辣椒树”，在辣椒长到30厘米左右高的时候，我们就要将一根直径1厘米、高60厘米左右的竹竿（或包塑杆）插入种植盆，把辣椒茎部绑在竹竿（或包塑杆）上。如果“辣椒树”长得太大，超过了我们可以供给它的空间，我们也可以随时修剪它的侧枝。一次不要剪掉太多，可以每次剪两三个侧枝，少量多次剪更有利于它生长。

当最高气温持续超过35℃后，辣椒生长状况会变差，结果困难。这个时候，可以进行强剪修枝，让辣椒重新长新枝复壮，到秋天再开花结果。具体方法可以参考茄子的盛夏强剪整枝（第70页）。同样，整枝一定不能在雨天进行。

有分杈了，开始整枝

长成“小树”后，绑上竹竿并整枝

采摘辣椒

收获

辣椒的收获方法有两种。一种是收获嫩椒，一般在辣椒开花后7天就可以采收。另一种是收获红辣椒，要等到辣椒转色后收获。要注意的是，如果植株上已经结出的一批辣椒没被摘下来，那么新的辣椒就不怎么会结，只有采收了成熟的辣椒，植株才会继续开花，结更多新果。只要及时采摘，植株就会持续开花结果。

辣椒皮太厚怎么办?

辣椒皮厚，与阳光、空气、土壤的湿度及土壤中的养分有关系。如果阳光足，空气和土壤湿度低，土壤中养分少的话，辣椒就会皮厚、肉薄、辣度提高。这也是夏天结的辣椒比春天结的辣椒辣的原因。所以要提高辣椒品质，就要保持土壤湿润，不要等到土彻底干了再浇水，同时要每10天左右给辣椒追一次肥。如果要采收红辣椒，应在辣椒进入转色期前，往表土里拌入草木灰，这样可以提高辣椒的品质。

秋葵

高温天里的“高产王”

秋葵是锦葵科秋葵属的一年生草本植物，原产非洲。它的果实营养价值很高，嫩黄色的花也非常美。花摘下来后去掉花蕊可以用来泡茶，有淡淡的清香，也很有营养。秋葵还有红色的品种，结出来的果实是红色的，富含花青素，颜值也很高。秋葵的管理与茄科蔬菜相似。

温度：秋葵喜欢温暖的环境，原产非洲的它耐高温也耐干旱，在盛夏里，它是高产模范，基本隔天就可以采收一次。但它不耐寒，遇霜冻就会枯死。种子发芽的适宜温度是25～28℃；在12℃以下，发芽困难。秋葵喜欢的生长温度是25～35℃，当秋天最高气温低至20℃以下后生长缓慢，这个时候就可以把秋葵拔了。

光照：秋葵是喜阳型蔬菜，最好将它种在有全天日照的地方，每天晒阳光不少于6小时。特别是在开花结果期，必须经常晒强光才能多结果。如果遇上连续的阴雨天，就很容易落花、果实变黄。

水分：秋葵生长过程中需要湿润的土壤，盆土干到叶子耷拉下来的程度，就会影响秋葵的生长、结果。

土壤：秋葵喜欢疏松、肥沃、微酸性的土壤。

种植时间

长江中下游地区可在4月初到6月初播种。4月初播种的，6月中旬就能收获，可持续收获到10月中旬。其他地区按估算的最低气温稳定在15℃以上的日期，倒推45天即可育苗。

种植容器

秋葵根系发达，要选择大而深的种植盆种植。一个直径35厘米以上、高度26厘米以上的种植盆内可以种1株，爱丽思700型号种植盆可以种2株。

育苗繁殖

育苗时，每个育苗盆内一般放2粒种子。出苗1周后留下壮的一株，有3片真叶后移苗。

秋葵是自花授粉植物，授粉方法同茄子（第69页）。

水肥管理

具体方法见第1章第5节“用对肥料养好菜”。施氮肥过多，或是光照少的时候，秋葵会枝叶多、花苞少。这个时候，我们可以把1/3的长得旺盛的叶子在叶柄处折一下，让它们向下耷（但不能折断，要留着进行光合作用），这样处理可以促花促果。

防病、防虫

秋葵非常抗病、抗虫。我在阳台种植秋葵近10年，没有发现过秋葵生病、长虫的情况，但在网上看到有的菜友种的秋葵会长红蜘蛛，那说明秋葵长得不够健壮，抗虫能力降低了。红蜘蛛防治方法见第2章第9节“有机方法防治病虫害”。

整枝

秋葵株型高大，生长中后期的盆栽植株可以长到1.5～2米高，因此不建议种植在小阳台上。在较大的露台上种植的话，一般可以种6株，盛产期够小家庭每周吃1～2次。

在有台风的地区，要将直径1厘米、高80厘米左右的杆子插入盆土中与主枝一起固定。秋葵长到50厘米左右高时，会长侧枝。如果种植空间大，可以保留2个侧枝，让它们和主枝一起开花结果；如果种植空间小，可以把侧枝都去掉，只让主枝向高处发展，不占用横向空间。下部的老叶、黄叶、过多的侧枝全部要摘除，为开花结果保留营养。

给秋葵整枝

收获

秋葵果实长到手指中指那么大时就要摘了。掐一下果柄，能轻松掐进的是嫩的，难掐进的就老了。在高温季一定要及时采摘，要不隔天果实就会变老、变难吃。

第4章 随手可摘的新鲜绿叶

绿叶蔬菜，大部分是速生菜，比如小青菜、生菜、苋菜、空心菜等，一般从种下到收获，只要25～50天，性急的菜友特别适合种绿叶蔬菜。相对来说，绿叶蔬菜对阳光的要求没有那么高，特别适合在东、西向阳台上种植。像芹菜、小葱、青蒜等耐阴的蔬菜甚至可以种在北向的阳台上。

青菜

四季可种，充满生机

青菜是一个俗称，包括我们通常说的小白菜、小油菜。青菜的品种很多，有早熟品种，如我们通常说的快菜，从播种到收获只要1个月左右的时间；也有中熟和晚熟品种，如“苏州青”“黑大头”等，从播种到收获需要60～80天。一般晚熟品种比较耐寒。

温度：青菜喜欢的生长温度为18～25℃。很多品种耐热，可以忍受40℃左右的温度；很多品种怕冻，温度低于12℃时就生长极慢。也有部分晚熟品种可以经受几天-5℃的温度，而且这类品种经霜冻后口感会更好，如“黑大头”经霜冻后口感就变得甜糯。

品种选择

在阳台种植要挑选生长快，抗病、抗虫性好，不容易生病的品种。一般大家喜欢种的有速生的快菜，颜值高的紫叶青菜、乌塌菜，口感好、适合在秋冬季种植的“黑大头”“苏州青”“上海青”等。菜友们可以根据喜好及气温条件挑选不同品种的青菜种植。

青菜

种植时间

根据我的经验，春天和秋天种青菜，菜青虫实在太多。所以如果不用防虫网或其他措施的话，长江中下游地区最好选择在3月初（气温10℃左右的时候）播种速生青菜，4月初收获；10月底至11月初播种晚熟品种“黑大头”“苏州青”等，12月底至1月初收获。这两个时间段内菜青虫相对较少，虫害可控。

种植容器

青菜属于浅根系植物，高度为20厘米左右的种植盆就可以种植。盆大就多种些，盆小就少种些。

育苗繁殖

在春天播种青菜的时间节点非常重要，一般在最低温稳定在10℃以上时就要播种。一旦播种迟了，青菜很小就会开花。

播种

青菜播种一般采用直播。盆栽青菜一般用点播的方法，就是把埋好底肥的盆土浇湿，然后均匀地点播上浸泡过的青菜种子。一般每隔3～5平方厘米放一粒种子（可在网上购买点播种子的播种器，几元钱的小工具操作起来很方便），然后盖上0.5厘米厚的细土，再用喷壶喷湿，最后在种植盆上盖上扎了细孔的塑料膜（或塑料袋）保湿，气温合适的话2天左右出芽。

育苗

出苗后拿掉塑料膜（或塑料袋），但仍要保持土壤湿润。挖开土表下2厘米左右厚的土看看，如果干了就要浇水。待小苗有2片真叶后，就可以用含氮量高的自制有机液肥或商品有机水融肥以1∶100（或按商品说明）的比例每周给小苗施一次肥。如果是速生青菜，可以在小苗有5～6片真叶后开始分批间苗吃。间苗的时候最好用剪刀齐根剪下，拔的话容易伤到边上小苗的根。间苗吃速生青菜，每间一次苗，第二天就要施一次肥，这样留下来的小苗会很快长大，过几天就又可以挑大的间苗吃了。

移苗

“黑大头”之类的晚熟品种，长出3片真叶后要移苗。移苗时要多带一些土，尽量少伤到根系，苗间距约20厘米。移苗前要在盆土里加上底肥并拌匀。底肥的量一般按以下方式确定：每10升土中拌入100克发酵好的饼肥（或200克发酵好的羊粪肥），再拌入10克骨粉、15克草木灰。先浇湿土，再移入苗，移好苗后再少量浇水固定根系就可以了。

水肥管理

移好苗后等3天左右，如果苗看着很精神，就说明移苗成功了。之后可以每周浇一次淡淡的含氮量高的有机液肥，让青菜长壮、长高。随着青菜长大，可以稍增大施肥浓度。

防病、防虫

虽然在早春和晚秋种植青菜，菜青虫相对比较少，但我们还是要提前做好防控措施。蝴蝶在青菜上产的卵，过几天就会变成小青虫。小青虫食量很大，如果不及时捉掉它们，没两天青菜就变得千疮百孔。所以我们每天要巡视菜，一旦发现菜叶上有小孔，或看到叶子边上有暗绿色小球状的虫屎，就要在叶子的正反面找找有没有小青虫，发现一只抓一只。另外要看看土面上有没有蜗牛，蜗牛也喜欢啃食菜叶，发现蜗牛的话要将它们“驱逐出境”。此外，青菜也爱长蚜虫和潜叶蝇。各种病虫害的应对方法见第2章第9节“有机方法防治病虫害”。

生病毒病的紫叶青菜

收获

除了间苗外，我们还可以扒青菜的外层叶子吃。扒叶子吃时要留下最里面的3片叶子，然后第二天给青菜施肥，让它继续长，过不久又会有很多叶子长出来，我们又可以继续采收。如果种的量大，就整株采收。采收后如果还有小苗的话，可以在采收过的地方埋入有机肥或堆肥，再继续移入小苗让它长大，这样也可以持续收获青菜。

为什么种出来的青菜很老、有渣，还发苦？

要想让青菜肥嫩，需要给它提供合适的光照、水分和养分。要给青菜半日左右的阳光，这样青菜会壮。同时在青菜快速生长期，要保持盆土湿润，如果盆土老是干到青菜叶子耷拉下来，青菜茎内纤维就会增多，吃起来就会有渣，而且经常缺水的青菜吃起来会发苦。还有一个小妙招：在青菜快速生长期，可以在距离每株青菜根茎5厘米处的土面上拌入一小把草木灰，这样会让青菜的口感变得微微甜。

生菜

虽是蔬菜，堪比花美

生菜口感甜脆，品种非常多，有耐热的、耐寒的，有绿色的、彩叶的。生菜的种植方法比较简单。种植方法与生菜相同的还有菊苣，菊苣有细叶和粗叶品种，和生菜一样可以用来做沙拉。

温度：生菜喜欢的生长温度为18～25℃，一般在早春或初秋播种。耐热品种可以忍受32～35℃，但由于高温及强光，夏天时生菜口感不好，叶片偏老、发苦，达不到春秋天时的口感。

光照：将生菜种在有半天左右光照的地方最佳。在有明亮光线但无阳光的环境（如北面的阳台）中，生菜也能生长，但叶子薄，且容易生病、生虫。

品种选择

南方地区的菜友们可种耐热品种的生菜，北方地区的菜友们可种耐寒品种的生菜，喜欢沙拉的菜友们可种口感又甜又脆的意大利玻璃生菜，喜欢高颜值的菜友们可种彩叶生菜。

较常见的绿色生菜

种植时间

生菜主要在春天和秋天种植。长江中下游地区在早春（3月初）、初秋（9月初）播种，其他地区根据气候条件适当提前或推迟播种时间。生菜从播种至收获需要70天左右。

高颜值的彩叶生菜

种植容器

生菜根系不深，只要是高度在15厘米左右、直径大于20厘米的种植盆，都可以拿来种生菜。大盆多种些，小盆少种些。

育苗繁殖

播种

先将盆土浇透水，把种子均匀撒到土面上，或按行间距8厘米左右分窝，每窝播3粒种子。在种子上盖0.5厘米左右厚的土，再把土喷湿，之后在盆上盖塑料膜保湿。气温在15～25℃时，3～5天就能发芽。当气温高于28℃时，播种前要先催芽。将种子泡水6小时左右，取出后用纸巾包好放在塑料盒中，再放入冰箱冷藏室催芽。约有一半以上种子发芽后再播种，这样能保证较高的出芽率，否则高温下播种出芽率很低。

育苗

有2～3片真叶时，间一次苗，留下一窝中最壮的一株，等它长出5～6片真叶时再移苗。散叶生菜株距约20厘米，结球生菜株距约25厘米。

移苗

建议在晴天的下午或是阴天移苗。移苗时尽量多带土，把苗移入已经浇湿的盆土中，根部要全部埋入土中。移好后，再喷水固定根系。移苗前盆土要埋好底肥，底肥可以是饼肥、粪肥、自己做的堆肥，也可以是购买来的商品有机肥。底肥的量一般按照以下方式确定：每10升土中拌入50克发酵好的饼肥（或100克发酵好的羊粪肥），再拌入10克骨粉、15克草木灰。移苗后进行遮阳管理，2～3天后才可以正常晒太阳。

水肥管理

浇水

在生长前期适当控水，可以让根系长得更健壮。在叶片旺盛生长期一定要适时浇水，始终保持土壤湿润，这样种出来的生菜才口感脆嫩不发苦。

施肥

生菜需氮最多，需钾次之，需磷最少。如果生菜缺氮，叶片就长得慢、长得小，叶片数少，长得也不丰满；缺钾则叶子长得软软的、不硬挺，拌沙拉吃的话甜脆度不够。种生菜，盆里的底肥不要埋得太深，要不然生菜长很久都吸不到营养。底肥一般只要均匀地埋在离土面10厘米的土层中即可。移苗1周后，每周要浇施一次以氮肥为主的有机液肥；1个月后，在盆边土表撒一圈草木灰，可以让生菜口感更脆甜。

防病、防虫

生菜很少生虫，但长势弱的话，容易生蚜虫和潜叶蝇。气温高、空气湿度又大的时候，生菜容易生霜霉病和茎腐病，所以浇水最好安排在早上，这样土面上的水可以较快蒸发。各种病虫害的防治方法请阅读第2章第9节“有机方法防治病虫害”。

潜叶蝇来吃生菜了

收获

生菜成熟后，可以先扒外层叶子吃，留中心的3片叶子继续生长，这样可以从秋天吃到第二年春天。当然，如果种得足够多，那就整株拔了吃吧。

生菜为什么会发苦？怎么解决？

①高温天种的生菜会发苦。解决方案：生菜要在冷凉的气候条件下种植，种植气温最高不要超过30℃。

②盆土太干，生菜会发苦。解决方案：保持盆土湿润。

③光照少，生菜叶片会很薄且发苦。解决方案：将生菜放到每天有2小时以上光照的地方种植。

④生菜缺肥会发苦。解决方案：要及时补充含氮和钾的有机肥，如豆渣肥、氨基酸肥和草木灰。

⑤生菜太老会发苦。解决方案：要在生菜鲜嫩的时候及时采收。

茼蒿

叶香似菊，花比菊美

阳台种菜空间有限，最适合种那些一次种下后能重复采收的菜，比如茼蒿。

温度：茼蒿喜冷凉气候，不耐高温，18～22℃是它生长的适宜温度。茼蒿在12℃以下生长缓慢，在30℃以上生长不良。

光照：茼蒿对光照要求不高，不喜欢晒大太阳，从早晒到晚的话，茎叶会又老又硬，所以最好把种植盆放在有3小时左右光照的地方。在从早到晚有明亮光线的地方，茼蒿也能生长，我们可以把它放在北面的阳台上种植，只是叶子会长得薄一些。

品种选择

茼蒿分细叶、中叶和大叶品种。细叶茼蒿秆子较长，脆嫩好吃；中叶茼蒿最耐寒；大叶茼蒿叶子肥大，肥水充足的话，一片叶子能长到比手掌还大，摘四五株就可以炒一盘菜。但大叶茼蒿不耐寒，雨水多的话，叶子还容易烂。大家可以根据当地的气候和自己的喜好选择种植不同品种。阳台种植的情况下，中叶茼蒿产量较高。从产量的角度，我推荐大家种中叶茼蒿。

种植时间

茼蒿一般以秋播为主，长江中下游地区8月底至9月初就可以播种啦。

种植容器

茼蒿是浅根系蔬菜，种植茼蒿选择深度为20厘米左右的种植盆就可以。

育苗繁殖

茼蒿植株小，可以直播（盆栽适合用点播的方法），也可以播种后移苗。为促进出苗，播种前要用30～35℃的温水浸种12小时，捞出种子后放在15～20℃的环境下催芽，每天用清水冲洗，经3～4天种子出小芽，即可播种。播种的时候盆土中要先埋好底肥，然后在浇湿的盆土上开小沟，沟深1厘米，株距7～8厘米，每次播2～3粒种子，之后将土刮平轻压，再用水喷湿。有3片真叶后间苗，每窝留1株。若种植细叶茼蒿，也可以用撒播的方式，出苗后按5厘米间距间苗。

水肥管理

从茼蒿有3片真叶开始，每周施一次肥，以氮肥为主，其间可以施一次草木灰。如果想吃高秆茼蒿，就要每半个月左右施一次草木灰。种茼蒿要保持盆土湿润，盆土经常干燥的话，茼蒿就会出现黄叶、枯叶，吃起来也会发苦。茼蒿也怕积水，积水会导致烂根、烂叶。

收获

播种后40～50天，就可以采收啦。采收有一次性采收和分期采收两种方法。可以一次性贴土面把茼蒿全部剪下，也可以在盆里每隔15厘米种一株茼蒿（适合中叶、大叶茼蒿），等茼蒿长到15厘米左右高时收获上部茎叶，留下基部并保留1～2个侧枝，采收后第二天浇水追肥，20天左右后可再次采收，循环上述操作，每过20天左右就可收获一次。气温合适的话，中叶和大叶茼蒿可以从秋天一直收获到第二年春天开花前为止。如果收获过晚，茼蒿会茎叶老化，不好吃，所以要记得及时采收。

茼蒿的花很美

香菜

味道独特，点缀提香

香菜，又称“芫荽”，有奇特香味，很多人刚开始吃时不习惯，后来越吃越上瘾。现在有越来越多的年轻人喜欢这种菜了。

温度：香菜喜欢冷凉气候，15～25℃的气温最适合它生长。温度低时香菜会停止生长，温度高了香菜也长不好。现在虽然有耐热品种的香菜，可以在夏季种植，但口感还是没有春秋季种出来的好。

光照：香菜是较耐阴的蔬菜，每天有3小时左右的阳光照射就能长得好。如果放在北阳台或光线弱的封闭阳台上，也能生长，但会长得比较细弱。

土壤：香菜种在湿润、肥沃的土壤里才会长得又肥又嫩。

种植时间

香菜主要在春天和秋天种植，长江中下游地区可以在早春（3月初）、初秋（9月初）播种，其他地区根据气候条件适当提前或推迟播种。香菜从播种至收获需要70天左右。

种植容器

香菜是浅根系植物，只要是高度在15厘米以上的种植盆都可以种。种植盆的大小无所谓，大的可以多种些。

香菜苗长大了

育苗繁殖

香菜播种一般采用直播。将埋好底肥的盆土整平浇湿，挖几排1厘米深的小孔，孔与孔的间距在5～8厘米，把3～4粒经过晒种、泡种的种子放在一个孔里，在种子上面盖0.5厘米厚的细土。嫌麻烦的话，也可以直接把种子均匀撒在土面上，再盖0.5厘米左右厚的细土，然后把表土用喷壶喷湿，在盆子上面套个塑料袋保湿。如果是秋天播种的话，气温比较高，盆子上面要盖遮阳网，10天左右种子可出苗。另外，香菜种子是球形的，我们可以用瓶子把种子压开，使其呈半球形再泡种，出苗会更快。

水肥管理

在3片真叶长出前，不怎么用施肥，之后要每周施稀释的含氮量高的有机液肥。出苗一个月左右，再撒薄薄的一层草木灰，通过浇水让草木灰混入土中，这样会让香菜绿油油的，也会让香菜在入冬后更耐寒。

防病、防虫

香菜极少生病，但空气太干燥又不通风的话，香菜会长红蜘蛛。红蜘蛛的防治方法见第2章第9节“有机方法防治病虫害”。

收获

如果香菜种得少的话，可以用剪刀贴着盆土把香菜外圈的叶子剪下来，留着中心3片叶子，第二天给香菜施肥。慢慢地，香菜会继续长更多的叶子。这样一盆香菜就可以持续收获了。当然，如果香菜种得多的话，可以挑大的香菜先整株收割，然后施肥，让小的继续长大，以供后续收获。

菠菜

营养丰富，补铁优选

菠菜是秋冬季的主打叶菜之一，富含铁质，紫叶菠菜还富含花青素。在阳台上种一盆菠菜是不错的选择。

温度：菠菜喜冷凉环境，耐寒，在气温为-10℃以上的室外也可过冬。最适发芽温度为15～20℃，最适生长温度为20℃左右，25℃以上时生长不良，但耐热品种的菠菜可以在30℃左右的温度下生长。

光照：菠菜对光照要求不高，在北阳台上也能生长，但如果每天能晒几小时的阳光，它会长得更壮。

水分：菠菜怕积水，积水后容易烂根。

土壤：菠菜喜欢微碱性土壤，酸性土壤会使菠菜中毒并慢慢死亡。

品种选择

菠菜品种较多，有大叶和小叶之分，也有绿叶和紫叶之分，还有早熟和晚熟之分。我们在阳台种植，可以选择抗病性好的早熟品种。

种植时间

菠菜一般要在春天或秋天播种。

种植容器

家里有啥盆就用啥盆，只要是高度为15～20厘米的种植盆就可以用来种菠菜。

育苗繁殖

一般采用直播，以撒播方式为主。播前将种子浸水约12小时，再均匀地把种子撒在已经浇湿的盆土上。然后盖一层0.5厘米厚的土，轻轻拍平土，再喷水让种子和土紧密结合，最后再盖一块无纺布或旧布保持土壤湿润，以利出苗。菠菜种子4～7天就能出苗。

有的菜友说菠菜发芽后长着长着就不见了。这可能是因为土偏酸，菠菜长不好。加点儿草木灰或石灰粉调节土壤酸碱度，让土壤变微碱性就好啦。

撒播的菠菜出苗了

水肥管理

浇水

想要菠菜又嫩又壮，浇水很关键。菠菜喜欢湿润的土壤，如果我们等土很干了、菜不精神了再浇水，那么土干过几次后，种出来的菠菜就会口感不嫩，渣比较多。

施肥

菠菜最喜欢氮肥，但也需要少量磷、钾、钙肥。施了含氮量高的有机肥，菠菜就会绿得油亮；加点儿含钾量高的草木灰，菠菜叶片就会长得很肥厚，吃起来也很鲜美，还有点儿甜！这些肥可以埋入盆土中做底肥，底肥要离苗的根系5～8厘米（这样不会烧根）。待菠菜有3片真叶以后，要以施含氮量高的有机液肥为主，可以用豆渣液肥或羊粪肥浸出液等，每隔7～10天施一次肥，中间施一次草木灰。

防病、防虫

阳台上种菠菜，只要在种前做好盆土消毒，并施用微生物菌剂调理土壤，就能有效预防病害。通风不良、植株长势弱的话，会有潜叶蝇、白粉虱等。早期发现较少量虫时，直接手动抓除即可；发现大量虫的话，可以参考第2章第9节“有机方法防治病虫害”进行防治。

收获

菠菜出苗30天后可陆续采收。一种方法是先挑大的菠菜苗齐土剪了吃掉，留下小的，第二天施肥，等小的长大后再挑大的收，这样可以陆续收3次。另外一种方法是在菠菜苗有3片真叶的时候移苗，株距15厘米，等菠菜长到高20厘米左右时，收外圈叶子吃，留下中间3片叶子，第二天施肥，让它们继续长大，过10天左右再收外圈叶子，这样周而复始，可以从秋天一直吃到第二年春天。

绿油油的菠菜

木耳菜

藤蔓型蔬菜，夏日里也不怕热

木耳菜也叫落葵，是落葵科缠绕型藤本植物，一年生，其胡萝卜素、维生素C和叶绿素含量在绿叶蔬菜中居首位。它的嫩梢清脆爽口、叶片肥厚润滑，吃起来有滑滑的口感。木耳菜有心形的叶子，还有绕着向上攀爬的可爱嫩尖。木耳菜种在阳台上能兼当绿植，是一种可赏可尝的蔬菜。

温度：木耳菜喜欢温暖的气候，耐热、耐湿，种子发芽的适温为20℃左右，生长发育适温为25～30℃。木耳菜在高温多雨季还会长出气生根，且枝叶茂盛。当气温持续在35℃以上时，只要水肥跟上并适当遮阳，它仍能长得枝繁叶茂、鲜嫩无比。但它不耐寒，遇霜就会冻死。

土壤：木耳菜喜欢肥沃、湿润、土层深厚、微酸性的疏松土壤。

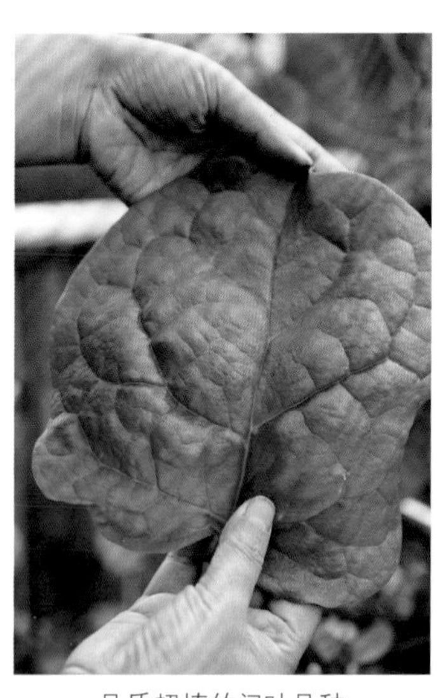
品质超棒的阔叶品种

品种选择

木耳菜品种有细叶、阔叶之分，也有绿叶、紫叶之分，阔叶品种的品质最好。

种植时间

长江中下游地区从4月上中旬至8月均可繁育种植。其他地区根据气温判断种植时间。

种植容器

木耳菜到后期会长得很大，是“超长待机”的植物。所以要选择大一点儿的种植盆，直径30厘米左右、高度25厘米左右的种植盆可以种一株。

生长繁殖

可用种子直播，也可以在菜市场买枝叶扦插。木耳菜种壳厚而硬，在温度较低时播的种往往要经过10多天才能发芽，温度超过28℃时，3天左右就能发芽。播种前要泡种催芽，具体方法参考第2章第5节“从播种开始”。扦插时要选择健壮的枝条，剪去叶子，将枝条剪成长15厘米左右的一段，把2～3节半躺着埋入盆土中，留1～2节露出土外，遮阳并保持土壤湿润，10天左右枝条就会长出根，并发出新芽。

水肥管理

种植前盆中要加入底肥，即直径30厘米左右、高度25厘米左右的种植盆中放发酵好的800克羊粪肥（或250克饼肥）、50克骨粉、80克草木灰。从小苗有3片真叶开始，每周施一次含氮量高的有机液肥。苗小时肥淡，苗长大后肥加浓。每次采收后第二天要及时追肥，这样茎叶生长迅速，枝叶肥嫩，产量高，口感好。

防病、防虫

木耳菜的病虫害极少。有时在高温、高湿条件下，木耳菜可能发生炭疽病，叶子上出现斑斑点点。要预防炭疽病，可以在播种前把种子放在50～55℃的热水中浸泡10分钟，以杀死种子表面的病菌。在木耳菜发病初期，要及时采收，还要将病叶及时清除并扔出家门，防止病害蔓延。

收获

木耳菜的生长收获期超长，在4月初播种的，可以一直收获到10月底。木耳菜非常高产，种两株就够一家人吃。采收叶子时，可以隔一节摘一片，这样既不影响美观又不影响植株光合作用。不断打顶也可促生更多侧枝。

如何给爬藤的木耳菜整枝？

如果有种植空间，建议像种瓜种豆一样牵绳引藤或搭架。以牵绳引藤为例：当茎蔓开始盘绕时，将一根绳子的一头绑在根茎部，将另一头绑在盆上空的高处，让茎蔓绕着绳生长。当蔓长到25厘米高时，打顶，让蔓长出3 ~ 4个侧枝。让侧枝也绕着绳子向上爬，当侧枝长到20厘米左右时，再打顶，让更多侧枝长出。在这个过程中，可以结合收获方式来一起打顶，摘下来的叶子都可以食用。

空心菜

“种一株，发一盆”的夏日清新菜

空心菜又叫蕹菜，被称为“夏日五大金刚”之一，即夏日里最不怕热的五大蔬菜之一，另外4种是苋菜、木耳菜、叶用番薯、秋葵。这些蔬菜喜高温，气温在28～35℃时，只要肥水跟上，适当遮阳，它们就会长得又肥又壮。即使在最热的天，“阳台党”也不怕没菜可收。

温度：空心菜喜欢高温多湿的环境。种子在15℃左右开始发芽，低于10℃种子不能发芽。空心菜在15℃以下会生长缓慢，遇霜会冻死，适宜的生长温度为25～35℃。如果肥水跟上且适当遮阳，在35～40℃的高温下，空心菜也能长很好。

光照：空心菜在有半天阳光的地方长得最好，在北阳台上也能生长，但茎叶会长得瘦弱一些。

种植时间

当地最低气温稳定在18℃以上后，就可以分批播种或扦插了。空心菜的育苗可以持续到夏末。

扦插法种空心菜

种植容器

高度在20厘米左右的种植盆都可以用来种植空心菜。

育苗繁殖

最快的繁殖方法是扦插，比播种繁殖要快20天以上。具体方法是：买一把空心菜，摘取长10厘米左右的段，每段必须有节，节上有叶和芽点。把下半段（约5厘米）埋入盆土中，使茎节在土表处。扦插后浇水，保持盆土湿润。气温在30℃左右，3～7天就生根了。用种子播种的话，气温要在15℃以上，采用在育苗盆里播种或直播的方法都可以。

直播流程同其他叶菜，直播间距为8厘米左右。育苗盆播种的话，待空心菜长出3片真叶后移苗。

播种育苗法种空心菜

水肥管理

浇水

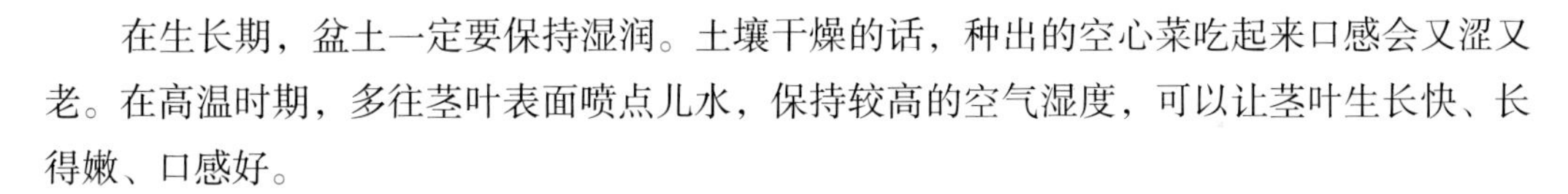

在生长期，盆土一定要保持湿润。土壤干燥的话，种出的空心菜吃起来口感会又涩又老。在高温时期，多往茎叶表面喷点儿水，保持较高的空气湿度，可以让茎叶生长快、长得嫩、口感好。

施肥

空心菜在高速生长期对氮肥、钾肥的需要量较大。除了种植前要在盆土中加入底肥外，进入生长期后，每周还要施一次含氮量高的有机液肥，每10天左右撒薄薄一层草木灰，以保证养分充足。空心菜产量高，只要保证肥料充足，茎干会长到小手指那么粗且又肥又嫩。

防虫

空心菜植株不够强壮的话，会长红蜘蛛、蚜虫、潜叶蝇等害虫，处理方法请见第2章第9节“有机方法防治病虫害”。

收获

每次采收时可以留基部2个节，让它们再发新枝。如果采摘的时候下面的茎留得太长，侧枝长得过多，营养分散，长出来的茎就会细弱瘦老，影响口感。

如何给空心菜整枝?

采收后要及时清理黄叶、枯叶、老茎，如茎叶过密或过弱，可疏除过密、过弱的枝条。采收3～4次后，下面的枝节过多，要重剪一次。这时可以将离盆土8厘米以上部分的茎叶全部剪掉，只留茎基部的1～2节，再施肥水以促进茎基部重新萌发新枝。

用同样的方法种叶用番薯

叶用番薯是一种专门用来吃叶子的番薯品种，它的茎叶软糯可口，营养非常丰富。叶用番薯的种植方法和空心菜相同，也可以用扦插法进行繁育。

苋菜

营养超丰富的夏季叶菜

苋菜是营养最丰富的盛夏当季叶菜之一，含有多种人体所需且比较容易被人体吸收的维生素及矿物质，是一种营养价值很高的食材。在种植过程中，苋菜的病虫害相对其他叶菜少。苋菜是非常好种的快速生长型叶菜，夏季从播种到上餐桌只需30多天时间。

温度：苋菜喜欢温暖的环境，不怕高温，生长适温是22～28℃，但气温在28～35℃时，只要肥水跟得上，并保持土壤湿润，苋菜仍旧会长得又肥又嫩。苋菜种子的最低发芽温度为15～20℃。

光照：苋菜在有半日阳光的地方长得最好，也可以在北阳台等有明亮光线的地方种植，但茎叶会相对细弱。

土壤：苋菜喜欢通风、透气且足够湿润的土壤。

品种选择

苋菜品种很多，有红苋菜、绿苋菜、花叶苋菜等，大家可以根据个人喜好选择品种。

绿苋菜

种植时间

苋菜从春到秋可以分期播种繁殖。以长江中下游地区为例，播种时间一般为3月至9月。

种植容器

高度为20厘米左右的种植盆都可以用来种苋菜。

育苗繁殖

一般采用撒播的方法。因苋菜种子细小，播种前要将种子加细土混合拌匀。播种时，先把埋好底肥的盆土提前浇湿，再播种，播种后可不盖土，只需轻轻用板拍下土面，让种子和土充分结合在一起。播种后要保持盆土湿润。苋菜在气温超过20℃的环境中，2～5天可出苗。苋菜长大后，可以间大苗吃，再给小苗施肥让它们继续长大。要重复采收侧枝的，需要进行移栽，株距为10～15厘米。

花叶苋菜

水肥管理

浇水

水分不足时，苋菜纤维增多，吃起来又硬又涩，所以种苋菜的土一定不能干。苋菜一旦缺水，就会在很小的时候结籽。植物是很聪明的，干旱了，以为自己活不长了，就会赶紧结籽，以“传宗接代”。不过，种苋菜的土也不能积水，要不然会引起烂根。

施肥

从苋菜有3片真叶开始，就要施含氮量高的液肥，一周施一次。小苗时肥要稀点儿，苗长大后可以增加肥的浓度。

防病、防虫

盆栽苋菜很少生病。但在夏季高温、空气干燥的情况下，苋菜会长红蜘蛛，我们要及时防治。防治方法见第2章第9节“有机方法防治病虫害”。

收获

当苋菜长到20厘米左右高时，就可以间苗吃了。间苗时记得齐土剪，不要用手拔，拔的话会把边上苋菜的根弄伤。苋菜种得较稀疏的话也可以掐头吃，就是留下根部五六片叶及叶芽，把上面的叶片剪了吃。剪后需在第二天施肥，不要在当天施肥，以防伤口感染导致烂根。采收后过几天，苋菜又会发出很多侧枝，可继续采收。采收时植株下部不要留太多节，否则侧枝形成过多，导致营养分散，长出来的侧枝就瘦弱。

菜薹

冬日里可持续采收的叶菜

菜薹绝对是秋冬季里性价比最高的蔬菜之一。在长江中下游地区，进入冬季，很多菜都定格不长了，只有菜薹还很兴奋，不断地长。长出来的菜薹可以不断采摘，能从11月底吃到第二年3月中旬。菜薹产量很高，家庭种植一般种6～8株就足够吃了。

温度：菜薹喜欢冷凉环境，在-5℃以上的室外也可越冬。发芽最适温度为15～28℃，生长最适温度为10～22℃，28℃以上生长不良。

光照：菜薹喜欢有半天以上的光照，太阳光照少于4小时菜薹会长得弱，抽薹少，所以它适合种在南面的阳台上，在朝东或朝西的阳台上也勉强可以种植。

品种选择

菜薹品种很多，按颜色分，有红菜薹、绿菜薹和白菜薹；按成熟的速度分，有早熟品种和晚熟品种。

早熟品种的收获比晚熟品种快20～30天。为了能尽早收获，一般推荐“阳台族”种早熟品种。但晚熟品种更不怕冻，对于冬天气温经常为-5℃左右的地区，建议种晚熟品种。湖北的红菜薹（早熟品种）、广东的增城迟菜心（晚熟品种）产量高，口感极好。

产量很高的菜薹

种植时间

菜薹一般以秋播为主。以长江中下游地区为例，通常在8月底至10月初播种。

种植容器

直径30厘米、高25～30厘米的种植盆可以种一株。如果是种在大盆里，株间距要在50厘米左右。菜薹根系发达，当你翻盆的时候，会发现它的根结结实实地长满了整个盆。你给它的盆越大，它的茎叶就长得越大。肥水足的话，长出来的菜薹有拇指那么粗。

生长繁殖

为了高效利用种植盆，一般会先用育苗盆育苗，然后再移苗。播种前将种子浸水6～8小时。播种时先将盆土浇透水，再在每个育苗盆里放2～3粒种子。播种后覆一层0.5厘米厚的土并轻轻拍平，让种子和土紧密结合，再盖一块无纺布或保鲜膜，保持盆土湿润，以利出苗。2～5天后，菜薹就出苗了。拿掉盖的东西，将苗放在可以晒到半天太阳的地方，等苗长出3片真叶的时候，挑最壮的一株留着，把弱的剪掉。

水肥管理

菜薹是个“吃肥大王”。想要不断收获又肥又壮的菜薹，移苗时就一定要先在盆底加入足量的底肥。移苗一周后，每周施一次含氮量高的有机肥。进入抽薹期，要每10天左右在每一株菜薹的盆土表面撒一把草木灰。菜薹生长需要较多的钾肥，施草木灰可以让菜薹更粗壮，口感更甜糯。到了采薹期，每周都要施肥，这样菜薹植株就不会早衰。同时，要保持土壤湿润，如果菜薹经常干到叶子耷拉下来，就会长黄叶，抽出的薹也会又细又老又苦。

防病、防虫

防病

菜薹在不通风的情况下容易得茎腐病和灰霉病，所以我们要及时给菜薹整枝，及时摘掉老叶、病叶和黄叶，保持根茎部通风。如果发现菜薹患了茎腐病或灰霉病，除了要去掉病叶，还要在植株发病处撒一把草木灰，这样可以防止病害复发。

防虫

菜薹在长得弱的情况下会长蚜虫，初秋时的主要虫害有菜青虫，所以我们要做好防治工作。防治方法见第2章第9节“有机方法防治病虫害”。

收获

菜薹抽薹后，每次采摘时要在薹底部留2片叶子，这2片叶子的底部会有2个小叶芽，小叶芽又会长成新薹。记得摘后第二天施肥，这样薹就会越摘越多，长江中下游地区可以从秋冬一直吃到第二年春天为止。

采摘菜薹的时候，可以用刀将茎部切成斜面，这样可以防止积水烂茎。摘后不要马上施肥，因为肥水如果不小心滴在伤口上，容易引起茎腐病。到春天，气温稳定在20℃以上后，菜薹会越长越细，细到和筷子差不多，这个时候就没必要再养着菜薹了，拔了它翻盆种别的菜吧。

莴苣

叶可吃，茎亦可吃

莴苣和油麦菜、生菜其实是兄弟关系，它们都是莴苣属的，莴苣的茎和叶都可以吃，叶子的味道和油麦菜基本一样，营养比茎更丰富，所以我们在莴苣没长大之前可以摘一部分叶子炒来吃，等到茎成熟了，再吃茎，这样就做到了一菜两吃。种了莴苣，就好比同时种了油麦菜。

温度：莴苣属半耐寒蔬菜，喜欢凉爽环境，稍耐霜冻，怕高温。适宜的生长温度是12～20℃。

光照：莴苣属于喜光植物。阳光充足，植株生长健壮，叶片肥厚，嫩茎粗大。

水分：莴苣的叶片多，耗水多。所以应保持土壤湿润，不要过干过湿，否则植株易老化或徒长。

土壤：莴苣根系较浅，喜欢疏松的微酸性土壤。

种植时间

长江中下游地区分春播和秋播，春播在3月上旬，秋播在8月下旬至9月上旬。

种植容器

一个直径25厘米、高度超过20厘米的种植盆中可以种一株。用长条盆种植的话，株距25厘米左右。

生长繁殖

秋播莴苣时，种子最好进行冷处理，这样发芽更快。种子用打湿的纸巾包裹，外套保鲜袋，放入冰箱冷藏室，一天后取出。均匀地将种子撒在育苗盆中已浇湿的土面上，上面再盖薄薄的一层土，大概厚0.5厘米。用喷壶喷湿土面，盆上盖打湿的无纺布或不穿的旧衣服保湿。三四天后，种子发芽出苗，这时要拿掉盖的东西。当苗长出1片真叶时，施点儿极稀的氮肥。20天左右，当苗长出3片真叶时，就可以移苗了，间距25厘米左右。

水肥管理

种莴苣前一定要埋入底肥，这样种出来的莴苣才肥嫩、粗壮。埋底肥的方法参考大型叶菜，具体请阅读第1章第5节“用对肥料养好菜”。移好苗1周左右，又要施肥，每周在浇水的时候施些含氮量高的有机液肥。莴苣在苗期比较娇嫩，记得要薄肥勤施。在空气湿度大的天气，不要把肥料浇在叶面上，否则容易烂叶子。当莴苣开始长茎的时候，加草木灰可以让莴苣更粗壮、口感更好。在生长后期，供水、供肥不能过多，否则莴苣容易裂茎。

防病、防虫

盆栽莴苣的病虫害不多，主要是蚜虫，防治方法请阅读第2章第9节“有机方法防治病虫害”。

整枝

莴苣生长到中后期，变得枝繁叶茂。这时，要摘掉下部的部分叶子，保持植株之间通风，以减少病虫害。

收获

当莴苣叶子超过8片时，可以摘下面的叶子炒来吃，每次每株摘1～2片叶子，不能多摘，要留着大部分叶子进行光合作用。等到莴苣的内芯和外面的叶子高度齐平的时候，就可以割下离土2厘米以上的茎叶吃了。留在下面的老桩，过几天又会发出新芽，施肥后又会长出新叶子。等每株长出五六片叶子时，将七八株的叶子一起摘下，还可以再吃上一次嫩叶。家里莴苣种得多的话，在莴苣没完全成熟时就可以采来吃，要不然一下子都成熟了，会来不及吃。

香葱

种盆小香葱，厨房饭菜香

对于中国人尤其是美食爱好者来说，在家里种一盆绿油油的香葱，真的不只是生活的点缀。香葱作为一种日常烧菜时不可或缺的调味料，在阳台种上一盆，真是再适合不过了。

温度：香葱适宜的生长温度为15～25℃，低于10℃或高于25℃时长得慢，高于30℃时长得细弱，叶片发黄，还容易发生病害，超过35℃时进入半休眠状态，叶子枯黄。

光照：香葱比较耐阴，在有半天左右光照的条件下长得最好，在没有阳光但有明亮光线的北阳台也可以种，但叶子会长得细弱一点儿。如果种在太阳一天晒到晚的地方，香葱叶会长得老硬，叶尖容易发黄。

土壤：香葱喜欢微酸性、疏松、透气的土壤。

种植时间

香葱一般在春天或秋天种植。长江中下游地区可以在早春（3月初）和初秋（9月初）种植，其他地区根据气候条件适当提前或延后种植。

种植容器

种植香葱，选择高度在20厘米左右的种植盆就可以。

种香葱的土壤有什么不一样？

种香葱的土一定要疏松、透气，如果土一直湿答答的，好多天都不干的话，香葱就很容易烂根。以在长江中下游地区种植为例，种香葱的土要比种别的菜的土增加颗粒料（如珍珠岩、火山石）的用量，以增加土的透气性。具体的配土材料请阅读第1章第4节“配出种菜的好土壤”。

埋入土壤前的香葱头

生长繁殖

家里种香葱推荐用香葱头种植，一般从种下到收获只要30～40天。用种子播种的话，3个月还不一定能吃得上香葱。还有一种办法，就是从菜市场里买香葱，剪下香葱下部6厘米左右的根茎用来种植。香葱头种植的株距为6～8厘米，把整颗香葱头都埋入浇湿的土中后，它会不断地自动“复制”香葱，从一株变成一丛。

水肥管理

浇水

香葱怕盆土积水，积水了，会烂根；也怕盆土干，干一次，香葱尖就会发黄。所以要记得及时浇水、通风，不要让盆土干透。

施肥

想不断收获香葱，就要经常施肥。香葱是“贪吃宝宝”，我们除了在种植时加入底肥外，待香葱出苗后有四五片叶子时，还要每10天左右给香葱施一次有机液肥，这样能让香葱又嫩又绿又壮。香葱喜欢钾肥，在生长过程中对钾肥的需求超过了氮肥和磷肥，所以种香葱的时候，在底肥里拌入草木灰，会让香葱长得壮、不易倒伏。如果种的时候没有拌入草木灰，也可以每半个月左右在土面上撒一层薄薄的草木灰，这样浇水的时候养

香葱头长成小香葱了

分会流到根部去。

防病、防虫

阳台种香葱，病虫害较少，偶尔会有蚜虫和红蜘蛛，防治方法请阅读第2章第9节“有机方法防治病虫害”。

收获

收获时，用剪刀贴着盆土把土面以上的香葱叶子剪下就可以了，后期它们又会长出新叶；也可以摘外围的叶子，留着中间的叶子让它们继续长；还可以摁住香葱的根部，拔出一丛里的几株香葱，让留下的几株继续“复制”。夏天或冬天的时候，香葱叶会枯黄，这时挖开土会发现从前种的一个香葱头变成了一窝香葱头。从土里面把香葱头挖出来晾干，之后放到晒不到太阳却干燥的地方，到春天或秋天的时候可以拿出来继续播种。

香葱成熟了，快收获吧

韭菜

收割的快乐，种过才懂

韭菜非常适合盆栽，很少生病、生虫。韭菜中含有大量的膳食纤维，食用韭菜可促进肠胃蠕动，减少便秘发生，长期坐办公室的“便便困难户”可以在周末安排吃韭菜哦。

温度：韭菜属于较耐寒的蔬菜，适宜的生长温度为15～25℃，低于10℃或高于32℃时就长得慢。气温高于32℃时，韭菜叶较细弱。所以春天和秋天是韭菜的生长时间，夏天和冬天是韭菜的休息时间。

光照：韭菜也比较耐阴，每天有3小时左右的光照就可以长得很肥壮。如果种在只有明亮光线的北阳台上，它也能生长，但会长得相对细弱些。

水分：如果盆土积水了，韭菜就容易烂根；如果盆土经常很干的话，韭菜叶子尖就会枯黄，韭菜会很硬、多渣、不好吃。所以保持盆土湿润但不积水很重要。

品种选择

韭菜分细叶韭菜和宽叶韭菜。细叶韭菜香味更浓，宽叶韭菜口感更软糯。还有一种紫根韭菜，是香味最浓的。

种植时间

韭菜一般在早春或初秋种植。

种植容器

韭菜是种一次可以收好几年的菜，根系很发达。从第二年开始，每年初春需要在盆面上添加2厘米厚的堆肥土，所以最好把韭菜种在高25厘米左右的种植盆中，大盆小盆都可以。种植面积达到0.25平方米左右，就可以供你每周吃一次韭菜。

育苗繁殖

强烈推荐大家在网上买韭菜根种植，收获速度比播种育苗不止快一点点。使用种子育苗，要等4个月以上才能吃上一盘像样的韭菜；用韭菜根种的话，1个月就可以吃上！

如果更享受从种子开始种植的过程，买种子时一定要买当年的种子，隔年韭菜种子出芽率就极低啦。盆栽韭菜，一般一窝种3～4株，每窝间距8～10厘米。种下一个月后，韭菜会不断“复制”，一窝中的几株会变成一丛。

水肥管理

韭菜也是个“贪吃宝宝”，喜欢大肥，即需要充足的肥料供应。用韭菜根种植，除了要加入底肥外，从韭菜苗有四五片叶子开始，就要每周给韭菜施一次含氮量高的有机液肥。韭菜也喜欢钾肥，我们除了在底肥中加入草木灰外，每次收割后也可以在土面上撒一把草木灰，既能帮助韭菜愈伤，又给韭菜施了肥。特别是种了好几年的盆栽韭菜，土里的营养早已经被一茬茬的韭菜吸光了，所以一定要给韭菜施肥。每年春天或秋天可以在盆土上面盖一层2厘米厚的堆肥土，或撒一些发酵好的羊粪肥或饼肥，再盖上一层薄土，这样长出来的韭菜就人见人爱啦。

收获

用剪刀贴着盆土，把土面以上的韭菜剪下来就可以吃了。每次吃多少收多少，剪掉后隔天再施肥，15～20天后就又可以收第二次了。

收获满满一盆韭菜

青蒜

回锅肉要香，不能少了它

青蒜是一种比较容易种的菜，对于种菜“小白”很友好。在家里种一盆青蒜，可以一直摘叶子当调味料用。烧鱼、烧肉的时候，摘几片叶子放进去，增色又增香。

温度：青蒜是喜好冷凉气候的蔬菜，很耐寒，在长江中下游一带可以露天过冬。种子发芽的适宜温度为16～20℃，30℃以上时较难发芽，所以秋季播种过早时出苗慢。

光照：青蒜有半天左右光照就可以长得很壮，在有明亮光线的北阳台上也能生长，但叶子相对细弱些；光照过强时，叶子会出现尖端发黄、发干的现象，所以青蒜不需要全日照。

水分：青蒜不耐旱，但盆土也不能过湿，要不然会导致烂种、烂根。

土壤：青蒜种在富含有机质的土壤中会长得更肥嫩。

种植时间

在长江中下游地区，青蒜要在秋季（9月至10月）播种。如果只是为了吃青蒜叶，春季（2月至3月）也可以播种。

种植容器

高度为20厘米左右的种植盆即可，大小随意。

生长繁殖

如果是为了吃青蒜叶，种子可以播得比较密，间距3～5厘米；如果要收蒜头，播种间距就要8～10厘米。

把蒜头一瓣一瓣掰开，分别插入浇湿的盆土中，上面再盖1厘米厚的土，用板子把土拍平，让土和蒜瓣紧密贴合在一起，最后喷湿土表，盖上无纺布保湿，7～12天后青蒜就会出苗。

出苗的青蒜

水肥管理

种青蒜前要埋入底肥，这样种出来的青蒜才又粗又嫩。青蒜生长过程中需要的肥以氮最多，钾次之，磷最少。底肥用法可见第1章第5节“用对肥料养好菜”中有关底肥的内容。从小苗高5厘米左右开始，每周要施含氮量高的有机液肥，间隔1个月再施2次草木灰。

防病、防虫

盆栽青蒜较少生病，但通风不良会有蚜虫，要及时除虫。若没有及时除虫，会引发锈病。除虫方法请阅读第2章第9节“有机方法防治病虫害”。

收获

青蒜叶可以连续收获。可以齐土把上面的青蒜茎叶收割掉，留下土下的根茎；也可以摘外围的叶子，留下中心的3片叶子。收割后的第二天要施有机肥，过几天新的青蒜叶就又会长出来，再过一个月左右就可以吃第二茬青蒜叶了。这样可以从秋天一直收割到第二年春天。

用来吃蒜叶的青蒜一般不留着收蒜头，蒜头就算留着也非常小，因为营养都被一茬又一茬的蒜叶消耗光了，没有多余的营养去养蒜头了。所以收割到第二年春天（4月）的时候，就可以连根拔起，把整株青蒜都吃掉了。

青蒜叶尖发黄、长得慢怎么办？

青蒜叶出现黄尖一般有两种原因。一是缺水。出苗后，盆里的青蒜叶越长越多，每天需要的水分也就越来越多。在天气干燥、太阳好的时候，叶子里的水分挥发得很快，如果我们没有及时浇水以保持土壤湿润，叶子缺水就会出现黄尖。二是阳光太强。对于种在楼顶、阳光太强的情况，可以考虑搭小棚、盖遮阳网来遮阳。

青蒜长得慢，原因一般都是缺肥。通常，青蒜在长到有五六片叶子时，土底下蒜头的营养就已经耗尽了，需要我们及时施肥。只有根吸收了营养并供给叶子，叶子才会长得油绿。

第5章 藤繁叶茂，瓜果累累

瓜类蔬菜，适合有爬藤空间的菜友种植。有的菜友把它种到窗台上的种植盆里，让藤爬到窗栅栏上。瓜藤在窗栅栏上攀爬、开花、结果，窗外就如同挂了一幅日日变化的田园画，风吹来，你或许会静静地看花儿、叶儿在空中摇曳，看果儿在风中摆动，嘴角带着微微的笑。最适合家庭种植的瓜类蔬菜就是贝贝南瓜、丝瓜和黄瓜。

贝贝南瓜

圆滚可爱小南瓜，吃叶吃花又吃瓜

贝贝南瓜是最适合在阳台种植的南瓜品种之一，也是南瓜里口感最好的品种之一。这种小型瓜适合盆栽，每个瓜重半斤左右。扁圆形的瓜像橘灯，两三个瓜同时挂在藤上的样子非常可爱。如果你家正好有不封闭的南向阳台，那推荐你种贝贝南瓜。贝贝南瓜可以摘嫩瓜炒菜吃，也可以收老瓜当主食吃。老瓜口感细腻，粉糯香甜。

温度：贝贝南瓜怕冷、怕热，生长适温为18～28℃，低于15℃时很难结果；高于35℃时进入半休眠状态，叶子变黄，植株样子变丑。瓜类一定要在合适的时节播种，如果播种晚了，瓜类刚开始开花就进入高温季或冬季，就结不了果了。

光照：贝贝南瓜喜欢阳光，要种在有半天以上光照、通风良好的地方。贝贝南瓜更爱全日照，所以光照条件不好的阳台就不太适合种它了。

种植时间

南方地区可以在春、秋两季种植，北方地区一般只能在春季种植。为了延长收获期，长江中下游地区春播育苗一般会提前至2月下旬在室内进行，等室外的气温适合贝贝南瓜生长了，就可以移种到室外种植盆里去。秋播一般在7月中旬育苗，8月中旬移苗。

种植容器

要选择直径大于30厘米、高度大于28厘米的种植盆，再大一些更好。足够大的盆可以让贝贝南瓜的根系有更多的伸展空间，植株进入旺盛生长期后也不容易缺水。

南瓜苗

生长繁殖

育苗、移苗、授粉请阅读第2章第5节“从播种开始”和第8节“帮蔬菜精准授粉”。另外，现在很多瓜类都是杂交品种，不能保留原有品种的特性，所以不建议留种，“传家宝”品种可以留种。

水肥管理

浇水

瓜类需要较多的水分，要保持盆土湿润。苗期可以适当控水，让瓜苗的根使劲向盆底找水，促使瓜苗根系发达，为后面的生长打好基础。进入旺盛生长期后，一定要保持盆土湿润。特别是在晴天，瓜叶面积大，水分蒸发得多。要特别留意盆土的干湿情况，土干了就一定要浇水，必要的时候，可以早晚浇水。

施肥

贝贝南瓜对氮、磷、钾三要素的需求量较大，对钾肥的需求量最大，氮肥次之，磷肥最少。所以除了移苗时要在盆里按照大型蔬菜的种植要求加入底肥外，从移苗一周后开始，每周都要给贝贝南瓜浇有机液肥。从贝贝南瓜开第一朵雌花开始，还要每隔两周追施草木灰。这一时期如果养分充足，可让小瓜飞速长大，同时也能保证植株枝叶茂盛，为以后继续开花、结果创造有利条件。

整枝

贝贝南瓜长有7～8片真叶的时候会开始有花苞，也有侧枝长出来，但阳台空间有限，为了让植株在有限空间内更好地生长，要对它进行整枝。整枝不能在雨天进行，整枝后也不能往植株上喷水，否则植株伤口很容易感染病菌。

拉绳或搭架

在贝贝南瓜开始有须蔓时就要拉绳或搭架。将一根直径5毫米左右的绳子的一头绑在贝贝南瓜的根茎部（台风地区可以将一根铁丝弯成U字形，插入土中，以固定绳子），另一头固定在阳台高处的晾衣架上，或是用一个粘钩固定在高处的墙上。在没有高度限制的露台上，可以用3根长2.2米左右的杆子搭架固定。把3根杆子深深地插入盆土里，上面用绳子绑在一起，就能形成一个三脚架。

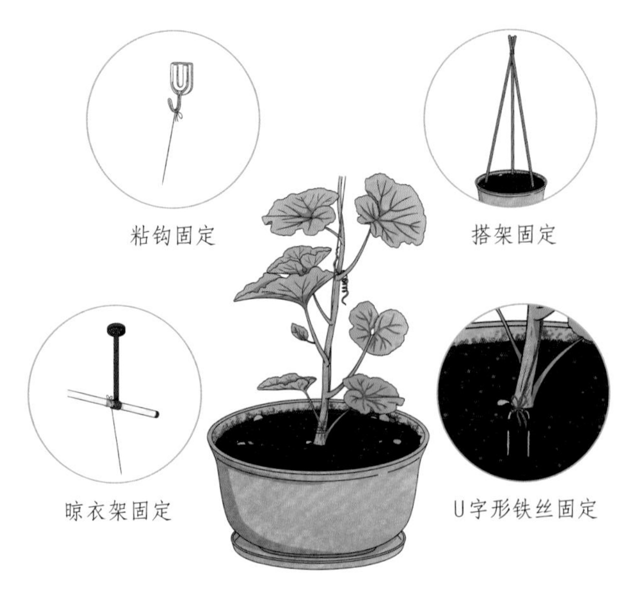

给贝贝南瓜拉绳或搭架

单杆整枝

阳台种植，横向空间有限，用单杆整枝的方法可充分利用高处的空间，达到在有限空间内高产的目的。单杆整枝即只保留贝贝南瓜的主枝，侧枝只留两片叶子，去掉顶芽，让主枝一直往上长，长到2米左右再打顶。等收获一批瓜后，就把瓜藤从架子上或绳上放下来，摘去2/3的老叶，把藤盘在盆上，留一个健壮的侧枝代替主枝，让它长大、开花、结果。

贝贝南瓜的单杆整枝

留花、留瓜

叶子少于8片时，雌雄花都要摘掉；叶子超过8片后，侧枝上有花的话，就在花前保留2片叶子再打顶，主枝上的花都保留。当藤上结下2～3个瓜后，就可以摘掉藤上所有的花了。盆栽不像地栽，植株根系的生长空间有限，吸收的营养也有限，花多果多，分散营养，反而谁都长不好。阳台上种植的话，一季就长2批贝贝南瓜，等到贝贝南瓜收获完，高温季来了，瓜藤就可以拔掉了。

修剪叶子

植株下部的黄叶、病叶，以及晒不到太阳、通风不好的叶子要及时剪掉，不要让老叶无谓消耗营养。尽量保留健康的叶子，保证有足够的叶子进行光合作用，以供南瓜长大。

防病、防虫

得了白粉病的南瓜叶片

贝贝南瓜在春天很容易得白粉病，在多雨的季节容易得茎腐病等一些病菌病，在通风不好的环境中会长蚜虫。在有些地区，贝贝南瓜还会遭受果蝇危害。我们要及时防治，具体防治方法请阅读第2章第9节“有机方法防治病虫害”。

另外，瓜类还会得病毒病。如果在阳台上种植，不愿意用农药，那么防病毒病的措施就是给瓜类提供最适合它们生长的环境，让植株自身长得非常健壮，能抵抗各种病毒。如果病害实在太严重了，就干脆把得病的植株拔了丢出家门去，不要让病毒在植物间传染开来。

成熟的贝贝南瓜

收获

可以收获开花结果10天左右的嫩瓜当菜吃，也可以收获完全成熟的瓜当主食吃。当贝贝南瓜的瓜皮失去光泽，很难用指甲掐进去，瓜柄变得像木头一样，也很难用指甲掐进去了，就说明瓜成熟了。从时间上来说，贝贝南瓜开花后35～40天，瓜就能成熟。成熟的瓜摘下后，放10天左右再吃会更甜。

贝贝南瓜全身都是宝

给贝贝南瓜整枝时摘掉的嫩茎、嫩叶和花朵都可以吃。把茎的外皮撕去，花的花蕊摘掉，茎、叶、花一起切成细末，加蒜末爆炒，起锅时淋点儿香油，再撒入红椒圈增色增味，你会吃到一道超级美味的菜。

丝瓜

古时候的宫廷美容瓜

如果你的阳台阳光很好的话，那么你可以在清明前后移种上两株丝瓜，到6月至8月，就能持续收获丝瓜了。每株植株上面通常会挂2～3根丝瓜。种植盆越大，肥水越足，产量就越高。苦瓜的习性和丝瓜相似，如果想种苦瓜，可以参照丝瓜的种植方法。

温度：丝瓜的生长适宜温度为18～30℃，但丝瓜也能够适应夏季的高温。只要肥水跟上，在35℃左右的温度下丝瓜也能开花结果。

光照：丝瓜是喜阳植物，要种到阳光充足的地方。

水分：在瓜类中，以丝瓜最耐湿。土壤积水对丝瓜影响不大，雨季空气湿度很大的时候丝瓜还会长出气生根。

土壤：丝瓜喜欢微酸性的土壤。

种植时间

以长江中下游地区为例。种植丝瓜，2月下旬要先在室内阳台或南向窗台育苗，4月初再移苗到室外阳台种植。秋播的话，要在7月中旬前播种。

种植容器

丝瓜属于深根系植物，根系非常发达，一定要用大盆种植。应选择直径超过40厘米、高度超过30厘米的种植盆。盆越大，土越深，结瓜才越多。

育苗繁殖

育苗、移苗、授粉请阅读第2章第5节“从播种开始”和第8节“帮蔬菜精准授粉”。

水肥管理、整枝、防病、防虫

丝瓜的种植方法同贝贝南瓜，关于具体操作，大家可阅读“贝贝南瓜”小节。

收获

丝瓜开花后7～12天就要采摘了（气温高时丝瓜长得快），如果不摘，丝瓜就会变老、不好吃，在无谓消耗营养的同时还会影响后续结新瓜。

丝瓜成熟了

清香的丝瓜花

丝瓜花的妙用

丝瓜花有淡淡的清香。菜友们种的丝瓜，如果雄花结得多的话，摘下来去掉花蕊后可以用来煮汤。就算雄花结得少，也可以摘一些洗干净后拿来泡水喝。丝瓜花味道很清香，据说还有美容养颜的功效。

黄瓜

清脆爽口，新手友好型瓜

黄瓜是一种好看、好吃又好养的瓜，对于种菜新手很友好。从移好苗到可以吃，气温合适的话，只要一个多月的时间！自己种的有机黄瓜，因为用的是有机肥，所以会特别新鲜、脆甜，黄瓜味儿也很足！

温度：黄瓜喜欢的生长温度为15～32℃，气温超过35℃时就很难结瓜，低于10℃时基本停止生长。

光照：黄瓜是瓜类中较耐弱光的一种，在东西向阳台或南向封闭阳台上也可以种。但是如果太阳光照时间少于3小时，黄瓜植株的生长就会比较缓慢，瓜叶薄，结瓜少。夏天光照过强也不利于黄瓜生长，应对这种情况，最好是拉遮阳网。

种植时间

长江中下游地区，春播时可以于3月初在室内窗边育苗，清明节后再移到室外大盆里定植。种在封闭阳台的，因气温相对室外要高一些，可以适当提前10天左右育苗。4月可以在室外分批播种，6月初至7月中旬分批收获。秋播时可以在7月底到8月下旬分批播种，9月中旬至11月上旬收获。

种植容器

使用爱丽思700型号种植盆可以种2株，用圆盆的话，一个直径为25～30厘米、高28厘米的盆可以种1株。盆下放一个托盘，这样浇的水、施的肥不会流失。

黄瓜开花了

育苗繁殖

育苗、移苗内容请阅读第2章相应小节。

关于授粉，强雌性水果黄瓜品种不用授粉。非强雌性黄瓜品种如果种在封闭阳台上，没有小蜜蜂帮忙授粉的话，我们就要进行人工授粉。授粉要在上午进行，这是因为花粉在下午活性会变低，授粉成功率也就会变低。由于黄瓜花很小，精准授粉有一定难度，所以还是推荐大家选择强雌性品种。

水肥管理

黄瓜喜湿怕旱，根系浅、叶子大。晴天的时候水分挥发多，所以晴天时一定要给盆土浇透水。如果水分供应不及时，到中午黄瓜叶子就会因缺水而耷拉下来，经常这样会影响黄瓜生长、结果。但黄瓜也怕积水，所以配土时要增加盆土颗粒料的占比，增强盆土的透气性，这样根系才长得健康。施肥的方法请见第1章第5节“用对肥料养好菜”。

防病、防虫

黄瓜是一种比较爱生病的蔬菜，叶子容易得角斑病、霜霉病、病毒病等，茎容易得茎腐病、立枯病等。特别是在江南的梅雨季，如果连续几天下雨后突然天晴，气温骤然升高，植株就很容易得病。想要减少病害，首先，基因很重要，我们要买抗病性好的品种，并在播种前把种子在阳光下晒一天，以杀死种子自带的病菌。其次，在生长期，我们要每周喷及浇灌稀释80倍的自制果皮酵素各2次，让酵素中的益生菌保护黄瓜的茎叶及根系。同时，在雨季要做好排水和通风工作，改善黄瓜的生存环境。最后，及时施肥，让黄瓜植株长得健壮，也可以减少病害。具体的防病、防虫方法，请阅读第2章第9节“有机方法防治病虫害”。

整枝

待黄瓜有卷须后，就要搭架了。在阳台种植的话，可以用拉绳子的方法代替搭架，就是把绳子的一头挂到阳台的顶部，另一头绑到黄瓜的根茎部。

在植株长到有8片叶子以前，要把下面的小黄瓜及花、侧枝都去掉，让植株先长个子。等植株长出8片以上的叶子后再让它开花。雌花多时，要疏去部分雌花及所有侧枝；雌花少时，要保留有雌花的侧枝，在雌花以上2片叶子处打顶。水肥跟得上的话，小黄瓜可以同时结四五个，大黄瓜可以同时结两三个。每株黄瓜需保留20片左右的健康叶子来进行光合作用，下面的黄叶、老叶要修剪掉。到黄瓜生长中后期，藤长得很长了，就要把藤放下来1/3，把瓜藤盘在盆土表面，同时把上部的绳子接长后再挂在原来的地方，这样黄瓜就又有向上爬的空间了。此时，每株要保留15～16片健康叶子来进行光合作用。

收获

气温合适的话，黄瓜开花7～10天后就可以收获了，这个时候黄瓜里的籽很小很嫩，吃起来清甜可口。黄瓜成熟后一定要及时采摘，否则口感会受影响，后续小瓜的长大也会受影响。

收获一根小黄瓜

1. 授粉时没有雄花或没有雌花怎么办？

阳台种的瓜，有时候只开雌花，没有雄花，有时候只开雄花，没有雌花，授粉就会遇到困难。在这里告诉大家如何搞定。

①有雄花，没有雌花：在早上把刚开的雄花摘下来，用保鲜膜包好，放到冰箱冷藏室里面。雄花可以在冰箱保存2～3天。等到有雌花开的时候，从冰箱里把雄花拿出来给雌花授粉。

②有雌花，没有雄花：当没有南瓜雄花的时候，如果你还种了西葫芦，那么可以用西葫芦的雄花给南瓜的雌花授粉，因为西葫芦和南瓜是同一个属的植物。同理，南瓜的雄花也可以给西葫芦的雌花授粉。

2. 高温季节，如何保证瓜类蔬菜的产量？

进入高温季，最高气温超过35℃时，除了丝瓜、冬瓜外，其他瓜类很难结果。这个时候，可以给植株打顶，施含氮量高的肥，让植株长出侧枝。之后留1～2个离根茎最近、长得最壮的侧芽，剪去侧芽以上的其余枝叶，每周施一次含氮量高的肥，让侧芽长大，植株到初秋就又会重新开花结果。追肥跟得上的话，产量一点儿都不比春天低。

3. 如何搞定畸形丑瓜？

先了解一下出现丑瓜的原因：①盆土缺肥，营养跟不上，或只施了含氮量较高的肥，而钾肥、磷肥不足。②光照不足，光合作用弱。③整枝摘叶过早、过多，影响养分供应，导致养分不足。④高温导致花质量差，花先天不足。⑤瓜和茎叶因被碰撞或大风狂吹而损伤。⑥病虫害。

解决方案：①合理施肥，底肥施用有机肥，氮、磷、钾、钙要齐全，可以放入饼肥或粪肥、骨粉、草木灰。在开花结果期，每周都要追肥，促进根系生长，补充瓜类生长所必需的养分，防止叶片出现早衰。②整枝时，把照不到太阳的弱枝以及黄叶、病叶剪掉，但一定不要把健康叶子剪掉，要留着足够的叶子进行光合作用。③不要让一个植株同时结太多瓜。长势壮多留瓜，长势弱少留瓜。及时采收，收完后让第二批瓜长大。丑瓜多半口感也比正常瓜差，所以一旦发现丑瓜就马上摘掉，让养分供给正常瓜。④保持盆土湿润，夏天晴天时要早晚浇水。根系健康，瓜就长得好。⑤做好绑枝，不让瓜藤在风中凌乱。⑥做好病虫害防控，具体请阅读第2章第9节“有机方法防治病虫害”。

第6章 富含蛋白的豆类家族

我们日常在阳台上种植最多的豆类有菜豆、豌豆、豇豆，这几种豆生长期短，收获期长，而且开的花都是超漂亮的蝶形花，花色有白色、粉红色和紫色等。种在阳台上，既可以吃豆苗、赏花，又可以吃豆。

这几样豆都有矮生品种和爬藤品种，根据我的种植经验，爬藤品种收获期更长，产量更高。

这几种豆的品种很多，不同品种结的豆子颜色也有不同，有白色、金色、紫色、绿色等。大家可以根据自己的喜好，选择不同的品种种植。种豆养眼养心又养嘴，还养生，哈哈！

菜豆

可以持续采收的“壮壮豆”

菜豆（又叫四季豆、芸豆）是生长期短、产量高的蔬菜。如果家有南向不封闭的阳台，在阳台的东南角、西南角各种两三窝菜豆，就够一家吃了。菜豆品种很多，在阳台上种植要挑产量高、抗性好、耐寒耐热性强、不容易生病生虫的早熟品种，最好挑选当地农科院选育的品种，不仅适合当地的气候，种起来更容易，产量也更高。

温度：菜豆为喜温型蔬菜，不耐低温和霜冻，只适合在不冷不热的春天和秋天种植。生长适宜温度为18～25℃，低于15℃或高于30℃时易落花、落豆荚。进入夏季后，我们常常会发现菜豆藤上的一串串花后来却只结了一两个豆荚，豆荚长大了还是畸形的，这就是高温造成的。

光照：菜豆是喜光的蔬菜，每天日照应不少于6小时，最好全天日照。

土壤：菜豆喜欢有机质含量丰富、排水性好、呈微酸性或中性的土壤。

种植时间

长江中下游地区春播一般在3月上旬，秋播一般在8月中旬。

种植容器

种植矮生菜豆，直径不小于25厘米、高度不小于25厘米的种植盆，一盆可种2株。种植爬藤菜豆，直径不小于30厘米、高度不小于28厘米的圆形种植盆，一盆可种2～3株；长70厘米、宽40厘米的长方形种植盆，一盆可种3窝，窝按三角形分布，一窝为2～3株。

育苗繁殖

南方地区可以在春、秋两季种植菜豆，北方地区一般只能在春季种植。为了延长收获期，春播一般会提前在室内进行，等室外的气温适合菜豆生长了再移种到室外去。秋天可采用直播的办法。育苗和移苗方法请阅读第2章第5节“从播种开始”。特别提醒，在菜豆发芽期，土壤不宜过湿，要不容易烂豆。

菜豆是闭花授粉植物，不需要人类帮忙授粉。

菜豆苗

水肥管理

浇水

豆类枝叶繁茂，在旺盛生长期需要较多的水分，我们要记得及时浇水以保持盆土湿润。苗期可以适当控水，让豆苗的根使劲往盆底找水，促使豆苗根系发达，为后面的生长打好基础。

施肥

菜豆属于大型蔬菜，在生长过程中需从盆土中吸收大量的营养物质，对钾肥和氮肥需求量最大，其次是磷肥和钙肥。所以在种植时，要放入足够的富含上述营养元素的底肥。虽然豆类植物会生根瘤菌固氮，但在小苗期，根瘤菌不多的时候，我们还是要施含氮量丰富的液肥，以促使豆苗更好地长大。等到豆苗长到有七八片叶子的时候，可以每半个月在每窝豆的盆土表面追施两把发酵好的粪肥或一把饼肥，再在上面盖一层薄土，也可以每周浇有机液肥；除此之外，在开花结果期还要每半个月给每窝菜豆加施一小把草木灰，将草木灰与表土拌匀，浇水时，肥会随水流到根部。

搭架、整枝

搭架

种植爬藤菜豆时需搭架或者拉牵引绳，让它可以向上攀爬。搭架可以用高2米的3根

沿牵引绳生长的菜豆

杆子，把3根杆子的上面绑在一起，下面分开呈三角形插入盆土中，这样比较稳固。用牵引绳也是非常好的办法，将绳子一头系在菜豆盆的正上方2～2.5米高的地方，另一头绑在菜豆的根茎处，台风地区可以将铁丝弯成U字形，系上绳子后倒插入土中固定。当菜豆抽出蔓后，把蔓绕在绳子上，引导它沿着绳子向上爬。

整枝

待菜豆长出第三组真叶时，要把最上面的嫩芽掐了。长出侧枝后，可以让靠近顶部的2～3个侧枝长高，掐掉靠近根茎部15厘米以下的侧枝，以免影响根茎部通风。当新侧枝长到1米左右的时候，再把这些枝的顶掐去，让更多的侧枝长出来。下部的侧枝有花芽后，留上面两组叶子，打顶，这样每窝豆的藤在牵引绳上长成了柱状，有很多的侧枝缠绕，每个侧枝都有花串，家里种2～3窝菜豆就够吃了。看到老叶、黄叶、病叶要及时摘除，特别是要及时摘除长在底部靠近盆土的老叶子。根茎部空气流通良好，才能预防白粉病、茎腐病等病害。摘下的叶子应丢掉，如果没有经过暴晒处理不要用来堆肥，以免引发土传病害。

防病、防虫、防鸟

防病

豆类最常见的病是白粉病、灰霉病，菜豆在高温、高湿（如江南的梅雨季）的环境下特别容易生这些病，建议大家每周喷2次稀释过的自制果皮酵素。

防虫

在阳台种植，通风不良的话会有蚜虫。每天巡视的时候要注意，一旦发现蚜虫要及时消灭，不要让它们繁殖开来。豆类还很爱长潜叶蝇，我们可以在植株边上挂黄板，潜叶蝇的成虫喜欢黄色，会飞到黄板上去并粘在上面。当我们发现叶子中有潜叶蝇的时候，一定要及时把叶子摘了丢出门去，不让它们繁殖开来。具体防病防虫方法请阅读第2章第9节“有机方法防治病虫害”。

防鸟

在露台上种植时，小鸟非常爱吃豆类的花，这真的是件让人烦恼的事。我一般会在菜豆边上挂光盘，有时候挂彩带，来赶走小鸟。

收获

菜豆要及时收获，在菜豆长到豆粒鼓出来前收获最佳，等豆粒鼓出来，豆荚吃起来就会有点儿老了。收获迟了，也会影响后续小豆荚长大。

如何防止菜豆落花、落豆荚？

菜豆开的花总是一串串的，我们看到后，脑子里总会预想出藤上挂满豆荚的画面，可事实上，往往只有1/3甚至更少的花结出豆荚。

落花、落豆荚的主要原因：①气温太低（低于15℃）或气温太高（高于30℃）。②种的地方阳光不够或者开花期连续阴雨少阳。③没有整枝，或施肥不及时造成养分不够。

解决方案：①要踩准时节及时播种，可以在网上找一下当地的气象资料，查一下一年中每个月的平均气温情况，然后根据菜豆适合生长的气温条件提前20～30天创造条件进行播种，这样适合菜豆生长的时间会更长，我们的收获也更多。②要观察自己家的种植环境，观察光照时间，然后把菜豆种在家里光照条件最合适的地方。③在菜豆的不同生长时期，要及时进行追肥。

豇豆

辫子长长，滋味美美

豇豆品种非常丰富，有矮生品种和爬藤品种，爬藤品种产量更高；也分早熟品种和晚熟品种，早熟品种比晚熟品种的耐低温能力更强。不同品种结出的豆子会有不同的颜色，如红色、白色、绿色等，大家可以根据自己的喜好选择种植的品种。豇豆的育苗繁殖、水肥管理、搭架、整枝、防病、防虫、防鸟方法与菜豆基本相同，具体可见“菜豆”小节。

温度：豇豆喜欢温暖的天气，比菜豆怕冷、耐热。它的适宜生长温度为20～30℃，在15℃以下就长得很慢，0℃时茎叶会枯死。它在35～40℃的高温下也能活，但长不好，落花严重，就算结了豆荚，豆荚也很丑。

光照：豇豆喜欢阳光，开花结豆时要有充足的阳光，当光照过弱时，会落花落荚。

水分：豇豆喜欢湿润的环境，但不喜欢积水，积水会引起烂根。

土壤：豇豆喜欢微酸性、湿润的土壤。

种植时间

在长江中下游地区的露天阳台种植的话，春播一般在清明前后，秋播一般在立秋前后（也就是8月上旬）。早熟豇豆品种一般从播种到收获只需要70天左右时间，收获期有1个月左右。

豇豆花结出了豆荚

种植容器

豇豆根系发达，吸水力强，植株长势旺盛。直径30厘米左右、高度超过25厘米的种植盆可以种一窝，一窝为2～3株，爱丽思700型号种植盆可以种3窝。

收获

豇豆是持续采收的蔬菜，气温合适的话，开花后10天左右就可以采收。这个时候的豆荚粗细均匀，豆荚里的豆粒未鼓起。在肥水充足、植株健壮的情况下，豇豆的每串花可以结4条左右的豆荚，所以采收时要保护好花串上的花，不要连同花柄一起采摘，因为花柄还会长出新的花苞。

非杂交品种的话，可以留种。待豆粒成熟了，豆荚枯黄了，就可以把豆粒收获下来做种子。晒干后挑饱满的豆粒收起来，第二年可以播种。

收获不同品种的豇豆

豇豆的剪枝重生技巧

气候合适的话，豇豆在收获过一波后，还能长第二波。在收获第一波后，剪去枯枝和上部2/3长得细弱的枝条，然后施发酵好的粪肥（或饼肥、商品有机肥）及草木灰，一般一窝各施一大把的量，撒在离根茎10厘米远的土面上，松一下表层的土再和肥拌匀，松土的时候伤到了表面的根系也没有关系。松好土后最好在上面再盖一层薄土，这样可以预防肥分挥发和小飞虫产生。3～7天后很多新的侧枝就会长出来，这些新的侧枝在15～20天后又会开花结果。菜豆的剪枝重生也可以参照此方法操作。

豌豆

豆荚清香，豆粒鲜甜

豌豆是我每年必种的蔬菜，它的花很美，美得像一个个停在绿叶间扇动翅膀的小仙子。因品种不同，豌豆的花颜色也不一样，有白色，有浅粉色，有深紫色。每年春天的时候，我总是忍不住拿着手机对着花儿拍拍拍，等到花儿谢了，一个个豆荚挂在绿叶间，也是极可爱的。

温度：豌豆喜冷凉气候，为半耐寒型蔬菜，小苗的时候能耐-5～-3℃的气温。适宜的生长温度为10～25℃。

光照：豌豆喜欢阳光，是喜阳型蔬菜，要种在有6小时以上阳光照射的地方才长得壮、花多、豆多。但如果只是为了吃豌豆苗的话，种在北面阳台上也是可以的。

土壤：豌豆爱中性偏酸性的肥沃土壤。

种植时间

长江中下游地区可以在前一年深秋进行露天播种或在早春进行室内播种。

种植容器

直径30厘米、高度25厘米左右的种植盆可以种一窝，一窝种3株。长条盆种植的话，每窝间距为25厘米。

生长繁殖

豌豆育苗

豌豆可以直播，也可以在育苗盆里播种。为加快生长速度，可以用直径10厘米的育苗盆育苗。播种前把育苗盆里的土浇湿，待水渗透后以3～4粒种子为一窝分开撒在土面上，再盖1厘米厚的细土。在15～25℃的条件下，3～5天即可出苗。待豌豆有2～3片真叶，根系也从育苗盆里向外钻了，这个时候就一定要移苗了。具体移苗方法请阅读第2章第5节“从播种开始”。

豌豆是闭花授粉植物，会自己搞定授粉，不用我们人类帮忙。连续下雨会影响豌豆授粉，造成落花，露天种植的菜友可以搭个塑料棚，给开花的豌豆挡一下雨。

水肥管理

豌豆喜欢湿润的土壤，但又不耐涝。盆土不能一直像浸在水里一样湿，如果土壤中没有空气，就会造成烂根、黄叶、生长停滞等现象，所以在雨季要做好排水工作。豌豆的施肥方法同菜豆。

拉张网，让豌豆爬藤

搭架、整枝

搭架或拉网

可以在盆边上搭一个1.5～2米高的架子，也可以在边上拉一张差不多高度的网，让豌豆爬藤。

整枝

豌豆苗长到20厘米长时，需要摘芯，让它发侧枝。摘下的嫩芯也可以吃，用来煮汤的话会很香。侧枝长到15厘米长时再摘一次芯，这样又会长一批侧枝。侧枝越多，就能长出越多的花苞，从而增加产量。豆藤下部的老叶、黄叶及细弱枝要及时摘除，以加强通风，防止病虫害。

防病、防虫

盆栽豌豆病害较少，出现较多的虫害是潜叶蝇。每天巡视菜的时候，一旦发现有长了潜叶蝇的叶子，就要把叶子摘下来，丢入垃圾袋带出门去，在潜叶蝇繁殖开来之前就控制住虫害。虫害如已较严重，可用植物制剂苦参碱或鱼藤酮，按商品说明的要求稀释并喷洒叶面。如发现其他病虫害，防治方法请见第2章第9节“有机方法防治病虫害”。

嫩嫩的豌豆苗

收获

可以在豆荚里的豆粒还没开始长的时候就摘下嫩荚炒菜吃，也可以等豆粒鼓到七八分大时摘下豆荚用清水煮了吃，煮的时候加一点点盐，会增加豆粒的鲜甜味。菜友们一定要尝尝刚摘下的豆粒煮着吃的味道，真的会吃出幸福的感觉，因为太好吃了，这种味道是菜市场里买不到的。不要等豆粒长到十分鼓的时候再摘，那时候豆粒的鲜甜味会打折，豆粒长到七八分成熟的时候最好吃。记得摘下来的豌豆荚一定要当天吃，过一夜再吃的话，口感就打对折了。等豆粒收完了，就可以翻盆种别的菜了。

第7章 堪比花美的甘蓝类蔬菜

甘蓝类蔬菜品种不少，比如我们俗称的圆白菜（也叫包心菜）、花椰菜、宝塔花椰菜、西蓝花、西蓝薹、羽衣甘蓝、抱子甘蓝、芥蓝等都是甘蓝类蔬菜，它们都喜欢冷凉、湿润的气候环境，以及微酸性、湿润、肥沃、透气的土壤环境。它们的颜值也都很高。在家里种几株，可以当绿植欣赏，等它们成熟了又可以拿来做菜，一举两得哦！

结球甘蓝

美味的巨型“花朵”

在众多蔬菜中，结球甘蓝是营养特别好的一种，可以炒肉片吃，也可以放入罗宋汤中，糯糯的，特别好吃。紫色结球甘蓝的颜值特别高，可以当盆景种，叶子闪着带金属感的紫色。成熟了的结球甘蓝又是很好吃的沙拉菜。小家庭种的话，可以根据种植空间来确定种植株数，种植空间小的话，种两株就蛮好。

温度：结球甘蓝比较耐寒，生长温度范围较宽，一般在月平均温度为7～25℃的条件下都能正常生长与结球。小苗较耐寒，冬天气温高于-3℃时，小苗可以在室外过冬。

光照：结球甘蓝对光照强度要求不是很高，但在充足的光照下，会长得更健壮。

水分：结球甘蓝喜欢湿润的环境，在土壤水分充足和空气湿度较大时会长得更好。

土壤：结球甘蓝喜欢肥沃、微酸性的土壤。

品种选择

考虑到阳台种植空间的大小及植株占盆时间的长短，推荐种早熟品种，早熟品种比中晚熟品种能更早收获。

种植时间

长江中下游地区一般在8月初播种早熟品种的甘蓝，9月中下旬移苗，11月收获。

种植容器

直径30厘米以上、高度25厘米以上的种植盆可以种一株。用长条盆种植的话，株距为50厘米。

育苗繁殖

用直径8厘米左右的育苗盆育苗，先浇水，然后播种。每盆播2粒种子，上面盖厚约0.5厘米的细湿土，之后轻轻压一下。播种后3～5天发芽。出苗后，有2片真叶时，挑一株壮的留下，拔去长得弱的另一株。当小苗长出2片真叶时，追施少量较稀的含氮量高的液肥，如豆渣肥等。等小苗长出5～6片叶时，移苗定植。移苗时，如果苗徒长了，可以把徒长的茎多埋一点儿到土里，埋入的茎过些时候也会长出根系。

紫色结球甘蓝的小苗

水肥管理

浇水

结球甘蓝叶子肥大，水分蒸发量大。我们要每天观察盆土的干湿情况，用小铲子扒开土表，看到土表下3厘米位置的土干了就要浇水。在天气干燥、阳光好的日子，有必要的话，要早晚浇水，保持土壤湿润。如果盆土不湿润，经常很干，将严重影响产量，甘蓝球也会干硬难吃。如果在结球期盆土干透了时再大量浇水的话，甘蓝球很容易爆裂，所以一定要注意保持盆土湿润。但结球甘蓝也不耐涝，盆土积水的话容易引起烂根。

施肥

在移苗时加入底肥，底肥的施用方法请阅读第1章第5节“用对肥料养好菜”。结球甘蓝在结球期需要较多的钙，缺钙的话，会引起甘蓝球裂球，所以在底肥中要多加入一些蛋壳粉或骨粉。移苗1周后，菜苗看着精神了，我们就要开始每10天左右浇一次含氮量高的液肥，或者沿盆边挖一圈3厘米深的小沟，加入发酵好的饼肥（或粪肥、商品有机肥），再盖上土。浇水时，肥会随水进入下面的土里。在结球甘蓝长个儿期，要以施氮肥为主。等到叶子有十几片且长成莲花状时，结球甘蓝就要开始结球了，这个时候除了要定期浇含氮量高的有机液肥外，还要每2周在每株植株土面上加施一把草木灰，并与盆表土拌匀，这样有助于甘蓝球长得更大，口感也更好。

整枝

结球甘蓝在生长后期株型较大，我们要及时剪除下部的老叶、黄叶，剪的时候留下2厘米左右的叶柄，防止病毒感染茎部。

防虫、防鸟

结球甘蓝的主要虫害有菜青虫、小菜蛾和蚜虫等。防治方法请阅读第2章第9节“有机方法防治病虫害”。

小鸟非常喜欢吃甘蓝的叶子。尤其是早春时节，大自然中的食物较少，小鸟就会来偷吃菜叶，把菜叶啄得千疮百孔。我们可以在网上购买孔径1厘米左右的细网，将它盖在甘蓝植株上，四周用夹子固定。这样不光能起到防鸟的作用，还可以防止蝴蝶在菜叶上产卵。

盖上网子，防止小鸟来偷吃

收获

当用手按甘蓝球感觉紧实了，甘蓝球也不再长大了时，我们就可以采摘了，一定要在球体颜色鲜嫩白绿的时候采摘。采摘不能太晚，要不然甘蓝球口感就会变硬、变粗糙，没有鲜嫩时好了。

结球甘蓝可以收获了

花椰菜

朵朵花球，爽脆可口

花椰菜又称花菜，是十字花科芸薹属甘蓝种的一个变种，分早熟品种和晚熟品种。花球有白色、紫红色、黄色的，还有宝塔形的。花椰菜的颜值很高，用漂亮的盆种一株，放在阳台上还可以当绿植盆景，好看又好吃！花椰菜的弊病是种植时间长且只能一次性收获，所以不推荐种植空间少的菜友种植。

温度：花椰菜喜冷凉气候，气温高了就长不好，适宜的生长温度是15～20℃。

光照：花椰菜属于半喜阳型蔬菜，可以种在南、西、东向阳台上。

水分：花椰菜在湿润的条件下长得肥壮，结的花球也又大又嫩。如果气候干燥、土壤水分不足，它就长得很丑，结的花球小而松散且很难吃。

土壤：花椰菜爱肥，特别是在高速生长期，是“吃肥大王”，所以喜欢肥沃的土壤。

种植时间

一般在早春或秋天种植。长江中下游一带，1月在室内阳台播种，3月移苗，秋播在7月中下旬播种，8月底移苗，其他地区根据当地气候适当提前或延迟播种。注意：春天种花椰菜的话，要选用耐寒性强的春季生态型品种，如错用秋季品种，会发生苗很小就结花球的情况。

种植容器

相对小型叶菜来说，花椰菜根系较发达。因花椰菜叶片肥大、不耐干旱，所以要选直径35厘米左右、高度25厘米左右的种植盆，一盆种一株。用长条盆种植的话，株间距为50厘米。

生长繁殖

可以先用直径8厘米左右的育苗盆育苗。先浇水，然后播种，每盆放2粒种子，上面盖厚0.5厘米左右的细湿土，再轻轻按压一下。播种后3～5天种子会发芽。待有2片真叶时，挑一株壮的留下，将弱的拔去，同时追施少量较稀的氮肥。

待小苗有5～6片真叶时移苗定植。具体方法请阅读第2章第5节“从播种开始”。

水肥管理

浇水

花椰菜叶子肥大，水分蒸发量大。要每天观察盆土的干湿情况，用小铲子扒开土表下面3厘米处查看，如果土干了就要浇水。在天气干燥、阳光好的日子，有必要的话，要早晚浇水，保持土壤湿润。一定不要让盆土干到令叶子发蔫的程度，否则会影响花椰菜生长和结花球。

施肥

移苗时要加入底肥，底肥施用方法请阅读第1章第5节“用对肥料养好菜”。花椰菜属高氮蔬菜类型，其整个生长期的施肥以氮肥为主，钾肥次之。移苗1周后，处于长个儿期的花椰菜对氮的需求量最大，所以每周要施含氮量高的有机液肥。1个月后，在花椰菜长大一些时，就要给盆土表面再追加点儿草木灰，给每株加手抓一把的量，将草木灰与盆表土拌匀。当花球出现后，每半个月再加施一次草木灰和发酵好的饼肥或粪肥（也可使用商品有机肥）。

整枝

在花椰菜生长过程中，要及时剪掉下部的黄叶、老叶，让营养集中供给新叶和花球。注意，如果种的是白色花球的品种，当花球膨大到叶子包不住时，一定要摘一片老叶盖在花球上，这样可以让花球洁白，要不然花球容易受光照影响变成淡黄色。

防病、防虫

花椰菜这类十字花科蔬菜最容易吸引蝴蝶来产卵，一不注意，蝴蝶幼仔就会把花椰菜吃成“蕾丝裙”。花椰菜也会长蚜虫，所以我们每天早上要巡视一下。如果看到菜叶上有孔，孔边上有青黑色球状虫屎，就要仔细把蝴蝶幼仔找出来，然后将它们“驱逐出境”；如果看到少量蚜虫，就马上手动清除，再用水将叶子冲洗干净。防治小青虫和蚜虫也可用其他生态方法，具体请阅读第2章第9节“有机方法防治病虫害”。

小青虫在吃菜叶了

收获一株花椰菜

收获

家庭种花椰菜，当花椰菜的花球很大，一餐吃不完时，不要把整个花球摘下，只要用剪刀沿着花球分枝的底部剪下一餐够吃的量就行，这样在10天左右的时间里可以分次收获。到花椰菜收获期后，不能长时间养着它，老了的花椰菜口感会粗糙、有渣。收完花球后就可以把整株拔了，翻盆种别的菜。

西蓝花的种植方法

西蓝花的种植方法与花椰菜相似。不同的是，收获主花球后，西蓝花还会长出侧枝，侧枝也会结花球，只是侧花球会比主花球小一些，但口感是一样的。可以等收了西蓝花侧枝结的花球后，再拔掉植株，翻盆种别的菜。

西蓝薹

比西蓝花脆嫩，比芥蓝香甜

西蓝薹是芥蓝和西蓝花杂交选育的一种吃花薹的新型蔬菜，也是一种美味与健康结合的功能型绿色蔬菜，营养丰富，脆嫩、香甜。口感上是芥蓝和西蓝花的结合，个人觉得西蓝薹比西蓝花更好吃。

温度：西蓝薹属于半耐寒型蔬菜，喜欢温和、湿润、凉爽的气候条件。幼苗的耐热性、耐寒性比较强。西蓝薹生长的适宜温度为15℃～20℃，可耐受-10℃的低温和35℃的高温。

光照：西蓝薹是喜阳型蔬菜，要种在日照好的地方。

种植容器

西蓝薹后期会长到高50～70厘米，直径60～70厘米，所以要种在大盆里。一般选择直径30厘米以上、高度25厘米的种植盆，一盆种一株。若在长条盆内种植，株距为50厘米。

种植时间、生长繁殖

长江中下游地区，在7月中下旬育苗。因为是在夏天育苗，气温较高，所以晒种后可以不催芽。直播，一个育苗盆播一粒种子。育苗、移苗方法同结球甘蓝。

水肥管理

浇水

只有在湿润的条件下，西蓝薹才长得肥壮，花薹也又大又嫩，所以我们不能以见干见湿的方法浇水。如果土干了再浇水，菜薹就会老且有渣。土表下3厘米处的土干了就要浇水。

施肥

西蓝薹施肥以氮肥和钾肥为主。在花球形成期，则需要较多的钾肥和磷肥。

移苗时加入底肥，在生长期进行追肥。因西蓝薹前期对氮的需求量大，所以移苗1周后，每周要施含氮量高的有机肥。在西蓝薹有10片以上真叶后，追加点儿草木灰，可撒一把草木灰在土面上，与表土拌和一下就可以。再过一个月左右，西蓝薹的根系就长到了底肥层，花薹也开始长了。吃到了底肥的西蓝薹，叶子会绿得发蓝，看着非常健康。

第一次采摘后，又要开始追肥，每周可以将发酵好的饼肥或粪肥加水融化后浇入盆土中，也可以将商品有机肥加水融化后浇入，半个月左右给每株加一小把草木灰，再加一些堆肥土或发酵好的饼肥，这样西蓝薹会更粗壮，口感也会更鲜美。

防病、防虫

西蓝薹的虫害有菜青虫、小菜蛾和蚜虫等，具体防治方法请见第2章第9节“有机方法防治病虫害”。

整枝

要及时打顶摘芯，让西蓝薹长出更多的侧薹。一般在主花球直径3～5厘米、主花薹高10～15厘米时打顶摘芯。打顶时摘去花蕾部分，尽量保留较多的花薹部分，这样就有更多的侧薹从多个腋芽中同时长出来。

收获

当侧薹生长到15～20厘米时，在小花球已形成且未散开前采收。太迟采收的话，花蕾散开、薹茎变老，西蓝薹就不好吃了。每次采摘后留下侧枝底下一节叶子，让其长出新的侧枝。采摘后施肥，这样基本10天可以采摘一次，小家庭种4～6株就够吃了。

第8章 藏在土壤里的美味

大萝卜、樱桃萝卜、胡萝卜、马铃薯都是长在土里的美味，这几种根茎类蔬菜比较适合在阳台上种植，也是家里小朋友最喜欢的一类蔬菜。蔬菜成熟的时候，邀请家里的小朋友一起来收获，小朋友都会特别开心。收获的过程，也是一堂生动无比的亲子自然课。

樱桃萝卜

长得最快的萝卜

樱桃萝卜是一种小型萝卜，气温合适的话，从播种到收获只要30～40天。它的样子超可爱，让人看了就忍不住想种植它，而且它口感很好，肉细嫩、脆甜，可以直接生吃，可以凉拌，也可以腌制成泡菜。性急又“颜控”的菜友一定要种它！

温度：樱桃萝卜是半耐寒型蔬菜，适宜的生长温度为15～25℃，气温高于30℃时长不好，低于5℃时生长缓慢，低于0℃时会冻坏。

光照：樱桃萝卜对光照的要求不高，需中等光照，在封闭的东、西、南向阳台上也可以种得好，不过露天的充足光照更有利于它的生长。

土壤：樱桃萝卜喜欢保水、排水良好，疏松、通气的盆土。盆土要始终保持湿润，如水分不足，会使樱桃萝卜的须根增加、外皮粗糙、味道变辣，还会造成樱桃萝卜空心。

种植时间

樱桃萝卜的小苗

樱桃萝卜在春天和秋天都可以种植，我们要根据它的生长适温选择最适宜它生长的月份播种。长江中下游地区，春天在3月初至4月初分批播种，秋天在9月中旬至10月中旬分批播种。

种植容器

樱桃萝卜是浅根系植物，用高度为15厘米的种植盆就可以种植。

生长繁殖

樱桃萝卜一般以条播（把种子均匀地播成长条）方式播种，行距10厘米，株距5厘米左右，种子播种深度约0.5厘米。樱桃萝卜出苗很快，2天就出苗。当子叶展开时要进行间苗，留下长得壮的，苗距5厘米左右。 当真叶长到3～4片时，要覆土定苗（就是加土，把苗扶正）。

水肥管理

樱桃萝卜的施肥以施底肥为主。播种前可在盆土底部加入发酵好的饼肥或粪肥及草木灰。等苗有3～4片真叶时，可以每周浇点儿氮肥，追肥2次，这样长出来的樱桃萝卜颜色鲜亮、口感脆嫩。在樱桃萝卜生长期间，要注意保持盆土湿润。

防病、防虫

种前已做好盆土处理的盆栽樱桃萝卜病害并不多，虫害主要是菜青虫和蚜虫，防治方法请见第2章第9节“有机方法防治病虫害”。

收获水灵灵的樱桃萝卜

收获

樱桃萝卜的生长期一般为30～40天。在樱桃萝卜直径达2厘米时，即可开始陆续收获。过迟采收的话，会使樱桃萝卜纤维增多、裂根、空心，失去原有的风味。

大中型萝卜

冬吃萝卜赛人参

小朋友都喜欢看小白兔拔萝卜的童话，也梦想能像小白兔一样拔萝卜。如果能和小朋友在家里一起种一盆萝卜，那么拔萝卜的梦想在家就能实现了。萝卜也分早熟、中熟、晚熟品种，一般晚熟品种更耐寒，冬天在室外可以忍受几天 -5℃的天气。早熟、中熟品种种植时间短，收获快。

温度：萝卜喜欢凉爽的天气。种子发芽最适宜的温度为20～25℃，叶片生长的适宜温度为15～22℃，高于25℃时生长缓慢。

光照：萝卜爱阳光，太阳晒得多就长得健壮、病虫害少，太阳晒得少就长得弱，叶子薄且颜色淡，还容易长蚜虫，长出来的萝卜也又细又小。

土壤：萝卜喜欢疏松、肥沃的土壤，所以配制盆土的时候，除了要增施有机肥外，还要增加透气性好的粗椰糠或珍珠岩的用量。

种植时间

大中型萝卜适合在春天和秋天种植，一般在8月下旬至9月中下旬每隔半个月播种一批。在冬天气温高于-5℃的地区，萝卜可以从秋天分批收获，一直收到第二年春天。

直立型叶子的萝卜

种植容器

中型萝卜如“一点红”圆萝卜，要种在高度20厘米左右的种植盆里，株型越大，盆越高。那种如小手臂长的大白萝卜，如韩国萝卜，要种在高度28厘米左右的种植盆里。苗间距25厘米左右。盆栽可以选择直立型叶子的萝卜，这样·盆能多种几株。

生长繁殖

萝卜一般都采用直播，移苗的话，长出来的萝卜很容易分叉。将土整平浇湿，以25厘米为间距，挖一个1厘米深的小洞，每个洞里撒两三粒种子，种子上面盖厚0.5厘米的细土，再用喷壶喷湿，上面盖上无纺布保湿，2天就出苗了。出苗后拿掉无纺布，把盆放到有半天以上阳光的地方。

萝卜长出2片真叶时，开始间苗，剪去长得弱的苗，每窝留2株长得壮的苗。长出4～5片真叶时，进行第二次间苗，只留下一株长得最壮的，并培土固定苗。

水肥管理

浇水

苗期控制浇水，见干见湿，以免茎叶徒长。播种后25天左右就开始长出小萝卜，这个时候要及时浇水，保持土壤湿润。一旦水分供应不足，萝卜就会畸形、空心、变硬，口感也会变辣。但土壤也不能太湿，以免出现裂根、烂根。土壤一会儿干到裂开，一会儿又很湿的话，萝卜就很容易裂开。只有始终保持土壤呈湿润但又透气的状态，才能种出高品质的萝卜。

施肥

种萝卜也要施足底肥，大型萝卜底肥量同大型叶菜，施底肥的具体方法请阅读第1章第5节“用对肥料养好菜”。萝卜是超喜欢肥的，长叶子的时候，要施含氮量高的有机液肥；小萝卜长出来的时候，就要施含钾量高的草木灰。加了草木灰后种出来的萝卜，甜味会明显增加。

防虫

萝卜容易长菜青虫、蚜虫、潜叶蝇，防治方法请阅读第2章第9节“有机方法防治病虫害”。

整枝

播种后30天左右，萝卜叶子会长得很茂盛，都挤在一起。这个时候，要摘掉底部的老叶、黄叶，加强通风，以防不通风影响萝卜长势，导致烂根、长虫等情况出现。植物如果长得壮，那么它们自己会分泌抵抗病虫的物质，就不容易生病、长虫。

收获

一般播种后50～70天，大中型萝卜就可以分批收获了。这个时候的萝卜口感是最好的，生吃甜脆可口，熟吃又软又糯。挑大的先收，拔完后记得加土、浇水，以补土壤空隙。萝卜在盆里养得太久会起筋，口感不好，所以一定要及时采收。

如何防止萝卜分叉？

在移苗种植，以及土里有较大的硬石块或没有充分发酵的堆肥的情况下，大中型萝卜容易分叉。因此，放入盆土的有机肥要充分腐熟，如果盆土里有上一次种菜后遗留的根茎类残渣，也要挑干净。

胡萝卜

名为萝卜，却不是萝卜

胡萝卜虽然名为萝卜，却是伞形科的蔬菜，它的营养有多丰富就不用我多说了。自己种的有机胡萝卜，不管是拌沙拉，还是榨汁加蜂蜜当饮料，或是拿来炖排骨，都特别好吃！但对于好吃的东西，我们一定要更加耐心——胡萝卜的生长期比较长，一般为70～120天。不同品种胡萝卜的生长期长短不同，急性子的菜友可以选择早熟品种种植。

温度：胡萝卜是半耐寒型蔬菜。适宜的生长温度为13～23℃，气温过高或过低都不利于它的生长。

光照：胡萝卜对光照的要求高，如果光照不足就会只长叶子不长萝卜。所以要把它种在南向的阳台上，最好让它从早到晚晒太阳。

水分：胡萝卜在生长前期比较耐旱，长出小萝卜后喜湿润盆土，如果水分不足，萝卜会须根增加、外皮粗糙。但也不能积水，如果积水，会引起烂根、萝卜劈叉。

土壤：胡萝卜喜欢保水、排水良好，疏松、透气的盆土。

种植时间

胡萝卜在春天和秋天都可以种植，我们要根据它的生长适温选择最适宜它生长的月份播种，长江中下游地区一般可以在2月中下旬或8月中上旬播种。

种植容器

胡萝卜有大型和小型品种之分，小型的只有5～10厘米长，大型的可以长到20厘米长，我们可以根据品种选择高度20～28厘米的种植盆。

育苗繁殖

盆栽胡萝卜一般使用穴播的方法。每穴播3粒种子，行距为10厘米左右。种子浸泡催芽后播种，可以提高出芽率，加快出苗速度。种子播种深度应小于1厘米，盖土后再轻轻用手拍一下，让土和种子紧密结合。播后浇水，盖塑料膜保湿，出苗后拿掉塑料膜。

胡萝卜出苗较慢，一般要7～12天出苗。当有3片真叶时要进行间苗，留下长得壮的苗。在真叶长到5片之前要覆土定苗，这样可以让苗更好地生长。

水肥管理

胡萝卜对氮肥、钾肥的需求量大，磷肥次之。但氮肥如果过多，会造成叶子茂盛、胡萝卜细小，而充足的钾肥能促进胡萝卜生长。

播种前，需在盆土底部加入发酵好的饼肥（或粪肥）、草木灰和骨粉；等有3～4片真叶时，可以每周浇点儿氮肥；等有7～8片叶子后，每隔2周在土面上撒薄薄的一层草木灰，以增施钾肥。这样长出来的胡萝卜大而鲜亮，口感脆嫩鲜甜。

胡萝卜可以收获了

防病、防虫

在种植前要处理好盆土。盆栽胡萝卜病害不多，虫害主要是蛾类的幼虫，防治方法请见第2章第9节“有机方法防治病虫害”。

收获

早熟品种的胡萝卜从播种到收获需要70～90天，晚熟品种需要100～120天。胡萝卜成熟后一定要及时采收，过迟采收会造成胡萝卜裂根、须根变多、纤维增多、口感变硬，失去它原有的好风味。

马铃薯

种一株，长一窝

马铃薯又叫土豆，是一种比较能种出成就感的蔬菜，可以让你体会到种下一株、收获一堆的感觉，而且自己种的新鲜马铃薯比从外面买回来的马铃薯真的要好吃很多哦。下班回家后可以和孩子一起在盆里挖十几颗小马铃薯，做成一盘椒盐烤马铃薯，这道菜的味道真的是太美了。

温度：马铃薯喜欢较冷凉的气候，不耐高温，生长适温为17～21℃。日夜温差大，特别是夜温较低，有利于马铃薯生长。

光照：马铃薯是喜阳型蔬菜。光照强度大，马铃薯产量才高。

水分：马铃薯在生长期需水量较大，如果盆土水分不足，会影响产量，但积水又会引起烂根。

土壤：马铃薯喜欢土层深厚、结构疏松、透气性好、富含有机质的轻质盆土。在配土的时候，可以通过增加珍珠岩的用量来增加透气性，通过增加底肥来满足马铃薯生长对肥的需求。

品种选择

在阳台上种马铃薯，建议选择早熟品种，这样种植时间短。马铃薯有很多颜色，皮色有黄、白、紫、淡红、深红、玫瑰红等色，肉色有白、黄、红、紫、蓝等色，菜友可以根据喜好选择品种种植。

茂盛的马铃薯叶

种植时间

长江中下游地区，春马铃薯2月初播种，5月开始收获；秋马铃薯8月下旬至9月初播种，11月至12月收获。其他地区可以按照马铃薯结薯要求的温度安排栽培季节，把出苗后30天左右的结薯期安排在土温为13～20℃的月份，同时要满足出苗后有60天以上的生长期。

种植容器

直径25厘米、高度28厘米左右的种植盆可以种1株，爱丽思700型号种植盆可以种3株。

生长繁殖

将发芽马铃薯的芽朝上放到土里，会收获比较多的小马铃薯；将发芽马铃薯的芽朝下放到土里，会收获比较大的马铃薯。如果发芽马铃薯很大的话，也可以按芽的分布切成几块，等切面干了以后再放到土里，上面盖3厘米厚的土。

早春播种的话，室外气温比较低，可以用直径15厘米、高度15～18厘米的小盆先在室内南向阳台或窗台上育苗。等室外最低气温超过8℃后，再移入大盆种植。在大盆里先加入底肥，浇湿盆土后再挖出一个和育苗盆差不多大小的坑，然后把苗带着整个土团移入坑中，尽量不要伤根，最后填平土即可。

用发芽的马铃薯种植

水肥管理

浇水

马铃薯怕积水，但也怕干，所以要等土有点儿干，叶子看着有一点儿不精神了，再马上浇水。浇水的时候要浇透。雨季要做好排水，经常松土，保持土的透气性，以免烂根。

施肥

在播种或移苗时要加入底肥，底肥的量参考大型叶菜所用的量，具体请阅读第1章第5节“用对肥料养好菜”。出苗或移苗1周后，每周浇1次有机液肥。50天左右，马铃薯枝叶很茂盛了，土下面也开始结小马铃薯了，这时每隔15天左右在盆土表面撒一层草木灰（一株撒一把的量），可以让马铃薯结得更多。同时，在离根茎5～10厘米处再加一些自己做的堆肥或发酵好的饼肥、粪肥，然后上面再盖厚5厘米以上的土，以盖住土表的小马铃薯（不然长出土面的马铃薯会变青，那就不能食用了）。

防病、防虫

马铃薯虫害较少，偶尔会有潜叶蝇。发现后，及时把有虫子的叶片摘除就可以了。如发现有其他病虫害，请阅读第2章第9节“有机方法防治病虫害”，用相应方法解决。

整枝

马铃薯长到50天左右，就会枝繁叶茂了。这个时候，要把下部的黄叶摘除，把弱枝拔掉，以增加植株的透气性。不及时整枝的话，马铃薯在雨季容易得晚疫病，也容易烂茎、烂根。

收获

大概种下2个半月后，马铃薯枝下面的叶子开始变黄，这个时候就可以分批采收马铃薯了。轻轻地扒开表层的土，把大的马铃薯先收了吃。要小心，不要把其他长有小马铃薯的根弄断。隔10天左右，还能再收一批马铃薯。等马铃薯的大部分叶子都黄了，就可以把所有的马铃薯都收了。

收获满满一盆马铃薯

-后 记-

我家的阳台对我来说就是一个“空中食材宝库”。

开始自己尝试种菜是在18年前。有一年初冬，我到乡下朋友家里做客，他爸爸妈妈在自家的院子里种了菜，菜种得整整齐齐，看着像花儿一样美。当天，在他们家吃了便饭，我记不得当时吃了什么荤菜，但那天蔬菜的味道真的让我一辈子都难忘，太好吃了！虽然就是极普通的萝卜、青菜、菜薹，但我好像从来没有吃过这么好吃的蔬菜。萝卜、青菜、菜薹都是糯糯的，鲜里还带着微甜。我不停地追问：“怎么这么好吃？怎么这么好吃？”朋友妈妈说：“因为菜是刚从菜园里拔出来的，很新鲜，而且种菜用的是农家肥。”当时我就想着：我要学种菜，我要在我的阳台上种满菜！我要天天都能吃上这样美味的菜！

回来后，整个冬天的业余时间里我都在学习种菜知识，我买来了农业大学的教科书——植物学、土壤学、微生物学的课本。哈哈，“理工女”的思维模式就是做任何事情都要先知道原理，然后举一反三，最后运用自如。

第二年春天，我买了种植盆、泥炭土和珍珠岩，买了饼肥，开始尝试做有机肥，在阳台上用有机的方法种葫芦、辣椒、茄子、生菜、小青菜等。没想到，开始种菜的第一年，我就吃上了自己种的菜。于是我信心大增，种的品种一年比一年多，每个季节都有近30个品种，菜的产量也从当初的要攒几天才能吃上一餐，变成现在的有机蔬菜自由。

当然，在多年的种植过程中，我不停地遇到各种难题。比如，有一次发酵饼肥失败，打开盖子的那一刻，密密麻麻的蠕动的满桶蛆虫和难以言喻的臭气差点儿把我“送走”；又比如，有一年番茄生了病毒病，颗粒无收，又一年南瓜生了白粉病，叶子一张一张地变白又变黄，因不想用农药，最后只能看着它整株枯黄了；还比如，出差几天后回来，发现小青虫把花椰菜吃成了“蕾丝裙”；再比如，往年都种得很好的红菜薹，有一年就是长不大，好不容易长大一点儿，叶子却没有精神，我将它拔起来才发现它得了传说中的土传植物癌症——根结线虫病……是的，在种植的路上真的会遇到很多难题，但我一直都坚定地用有机的方法去种植，不用化肥，不用化学

农药，我对自己说：如果要用，我不如去买菜吃，我不如种只看不吃的花。为了解决这些难题，10多年来，我看了国内外很多关于有机种植的书，也拜读了国内外很多有关有机种植的专业论文，做了很多对比种植试验。我先生笑话我说“业余种个菜像在搞科研一样”，但是他不知道，我通过学习、研究再结合实践，搞定一个个有机种植难题时，真的超有成就感！最重要的是，家人每天都能吃上极致新鲜、美味又安全的菜啊！

有时候觉得管理植物就和管理人一样。在公司里，我是管理人员，我会尽可能地去了解团队成员的不同个性、能力强项，让每个团队成员都能发挥出最大的潜能，我的团队也因此越来越强。种菜也是一样，我了解了每一种植物的习性，知道它们是喜欢整天晒太阳还是只要晒半天就够，喜欢冷凉的气候还是温暖的气候，喜欢潮湿的根系环境还是相对干燥的根系环境，然后再根据它们的习性进行种植和管理，植物就会长得生机勃勃，极少生病，产量也一年比一年高。也正是因为了解这些植物，我才能充分地利用家里的每一寸种植空间。我知道把它们放在家里哪个位置是最合适的，比如，我把喜阴的生姜放在卫生间外的北窗台，那里光线明亮，只有早晚斜射的阳光，正好适合它生长。80厘米左右高的生姜茎叶成了天然的绿色窗帘，姜的叶子有独特的清香味，风吹进窗，家里就会有阵阵的清香，到初冬，姜叶开始枯黄，我就可以收获满满一筐的姜。

我也是个“颜值控”，种菜种果都想要美美的。为了让我的空中菜园足够

美观，我还搭配种了一些好看又好吃的植物，让种植空间错落有致又色彩丰富。比如，种了紫色卷心菜、红花椰菜、紫豌豆等来为菜园增添色彩，种了香水柠檬、葡萄柚、彩虹无花果、蓝莓等既可赏叶、赏花，又能赏果的盆栽水果以增加菜园的层次感。要插一句的是，用有机方法种的水果也无敌好吃，那种鲜甜的味道，让我有了退休后去租块地，用有机方法种各种水果的强烈愿望！哈哈，接着说，我还种了一些可食花卉和香草，比如洋甘菊、甜万寿菊、迷迭香、百里香、薄荷等，它们是用来增加风味的调味料，据说还可以入药呢！

三年前，我开始在小红书上分享我的盆栽有机种植经验，想不到几年里吸引了十多万的小伙伴成了我的粉丝。业余时间，我和他们一起享受种植的快乐，解决种植的难题，小伙伴们说：种植就如游戏中的打怪升级，把小青虫消灭了升一级，把小黑飞赶跑了又升一级，每升一级，收获的都是满满的成就感！小伙伴们用我教的有机种植方法种出各种新鲜可口的菜，这让我有了持续分享的动力，也让我有了接受浙江科学技术出版社的邀请来写下此书的动力。我希望能让更多小伙伴在种植的路上少走弯路、少踩坑，利用家里的阳台、窗台和有机的方法种蔬菜瓜果，在放松身心的同时，能吃上自己种的极致新鲜、营养丰富又安全的蔬菜瓜果。

在这里，我要满怀真诚地感谢出版社的编辑老师们在一年里不厌其烦地一次又一次亲自到我家里拍出一张又一张美美的照片，感谢编辑刘雪和刘映雪的辛苦付出成就了我的“处土作”！